「すぐ決まる組織」のつくり方——OODAマネジメント

OODA

面對突發狀況40秒迅速做出決策！

入江仁之——著　張嘉芬——譯

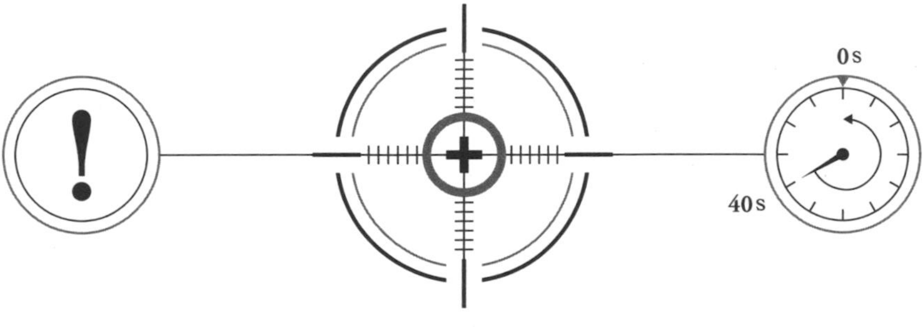

- 遇到沒有SOP的狀況就手足無措？
- 還在收集情報就已經錯失行動良機？

在分秒必爭的決策過程中，用OODA迅速解讀情勢、靈活採取行動！

前言
用OODA循環安渡充滿「意料之外」的世界！

平台策略（platform strategy）、開放式創新（open innovation）、精實創業（lean startup）、設計思考（design thinking）、遠距工作（remote work）、目標管理（MBO）、網絡組織（network organization）等……。企業對這些來自歐美的管理理論，往往徒具表面的了解，就貿然導入。接著是不斷地進行人員轉調、組織改組。員工的工作動機，則因為公司一再地朝令夕改而低迷不振……。

身為企管顧問，這種場景我已看過不下數百次。

為什麼日本企業會一錯再錯、重蹈覆轍呢？

根據我在矽谷企業（思科）任職，以及在美國、日本最具代表性的大企業第一線，直接和業界人士討論企業優勢、劣勢的經驗，綜合分析過後，我發現國際上許多先進的成功企業都具備，而大多數日本企業普遍缺乏的，是「某項策略理論」。

在國外，尤其是在矽谷等地的企業當中，這項策略理論已是極為理所當然，沒人會主動說明。然而，我發現就是因為有這一套策略理論，歐美的那些管理理論，才會發揮預期的效果。絕大部分的日本企業都不懂這一套策略理論，只是一味導入管理理論或策略的皮毛，改革才會總是以失敗告終。

而這項策略理論，就是「OODA循環」。

OODA循環著眼的標的，是對方的「世界觀」

從察覺敵人存在，到做出判斷，克敵致勝，整個過程歷時四十秒——這是約翰・博伊德（John Boyd）上校發現敵方戰機，到成功擊落為止所需的時間。而這就是運用OODA循環的成果。

所謂的OODA循環，是美國空軍約翰・博伊德上校所開發的一套策略理論，適用於各種領域。當年在韓戰（一九五〇年至一九五三年）的空戰當中，博伊德上校所率領的部隊，每架戰機平均擊落十架敵機，戰功彪炳。研究這場大捷背後的致勝原因，日後成了OODA循環理論應運而生的原點。

在此之前，美軍的作戰策略，主要是受到歐洲策略理論的影響，當中又以克勞塞維茲*（Carl Philipp Gottlieb von Clausewitz）最具代表性。這個路線的理論，是以由上而下的指揮統御為前提，給予敵軍迎頭痛擊。然而，這樣做會造成我軍部隊兵疲馬困，且只要有一步差錯，敵我雙方都可能遭到血洗，風險極高。

美軍自從全面採用ＯＯＤＡ循環之後，作戰方針就從以「給敵軍迎頭痛擊」為目的的「消耗戰」，轉換成以「讓敵方指揮官（決策者）喪失戰鬥意志」為目標的「機動戰」。

例如在一九九一年爆發的波斯灣戰爭當中，美軍就是採用ＯＯＤＡ循環，祭出「左勾拳」策略，直攻伊拉克境內，讓集結在科威特的伊拉克軍隊錯估情勢，才得以在短短四天內就贏得勝利。

另外，ＯＯＤＡ循環不僅獲得北大西洋公約組織（ＮＡＴＯ）成員國等西方陣營的支持，包括中國和俄羅斯在內，全球各國軍隊都積極採用ＯＯＤＡ循環，大幅調整了原有的策略。如今，歐美商界已視ＯＯＤＡ循環為基本策略，矽谷企業也同樣不落人後，而美國更有多所大學商學院開設相關課程。OODA循環被譽為是「適用於各種領域的策略通論」（the grand theory of strategy）。

OODA循環由以下五個思考程序組成（圖1）。

觀察（細看、端詳、審視、診察）：Observe

了解（明白、判斷、理解）：Orient

決策（決定、追求極致）：Decide

行動：Act

檢討／推估：Loop

＊ 卡爾・馮・克勞塞維茲（Carl Von Clausewitz, 1781-1831），普魯士王國軍官，著有《戰爭論》。

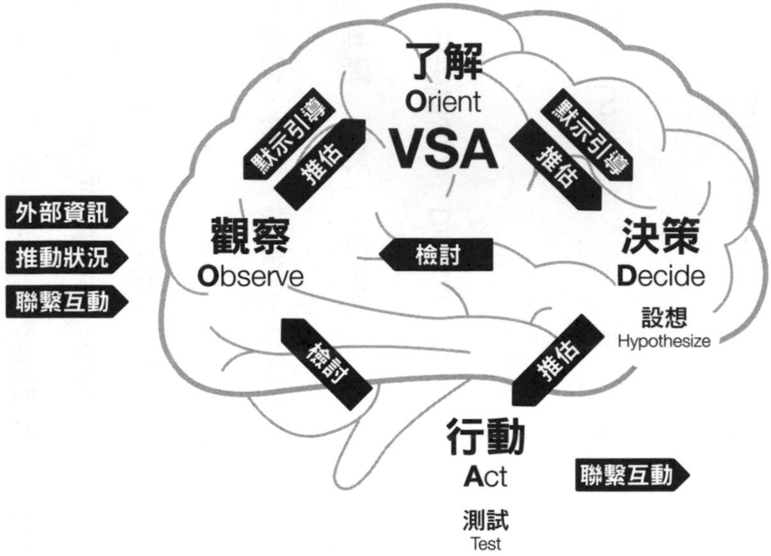
了解
Orient
VSA
默示引導
推估
默示引導
推估
外部資訊
推動狀況
聯繫互動
觀察
Observe
檢討
決策
Decide
設想
Hypothesize
檢討
推估
行動
Act
聯繫互動
測試
Test

圖1　OODA循環

適用於企業組織的OODA循環，是一套用來讓企業組織能隨時因應情勢變化的策略理論——先有自己的一套世界觀，再依當下的情況或對方的狀態適度更新，同時動腦思考、採取行動。就軍事上而言，我們要摸清的是「敵方的戰鬥意志」；就商業上而言，我們要掌握的是「對方（顧客或競爭同業）的想法」。於此同時，還要決定我們打算將對方的心情感受帶往什麼樣的狀態，並採取行動。

舉例來說，如果公司是服務業，就要以「如何讓顧客感動」為最優先要務。那麼究竟該如何讓顧客感動呢？例如能否讓顧客願意把自己所感受到的喜悅、舒適等優點，與自己的親朋好友（男女朋友、家人、學校同學、職場同事等）分享，這就是企業爭取顧客感動的方向之一。

那麼，眼前的這些顧客，究竟會想和誰分享什麼樣的情緒感受呢？——這就是每一位顧客的世界觀。而盡快找出顧客的世界觀，實現顧客的心願，就是最好的服務。

讓我們再多談一些更具體的內容。介紹服務業的服務精神時，以下這個小故事，常會被當作個案分析的素材來使用。

若要幫它下標題，我想應該叫「該不該供應兒童餐給已過世的孩子」吧！

有一對夫婦走進了一家餐廳。他們除了自己的餐點之外，還點了一份「兒童餐」。可是，當下並沒有小朋友在場。

根據這家餐廳的規定，「兒童餐」只接受小朋友點餐。負責為他們點餐的員工，向這對夫婦說明了餐廳的規定，同時也詢問他們點兒童餐的原因。

沒想到，原來他們的孩子早在幾年前因病過世，但孩子過世前，這對夫妻曾和他約定要到這家餐廳來用餐，而今天正是孩子的生日——遇到這種情況時，餐廳員工該以店內規定為由，拒絕這對夫婦點餐嗎？還是該打破規定，供應這份「兒童餐」？

這個個案研究的目的，是在探討「何謂待客之道」，因此在很多相關的研習活動當中，儘管發生地點可能設定在主題樂園或餐廳等，但都會拿出這個個案來進行討論。就服務業的待客之道而言，完成這對夫婦的心願，當然是比餐廳規定更應優先的考量，所以供應這份「兒童餐」，才是正確答案。

若依OODA循環來說明這位餐廳員工的行動，就會是以下這樣：為配合顧客的世界觀，也就是「夫妻彼此分享和過世兒子之間的回憶」，餐廳供應了一份幸福的象徵——「兒童餐」，贏得了顧客的感動。

對「夢想願景」有共識，讓企業組織脫胎換骨

為了讓員工在第一線能自行判斷是否提供這樣的服務，**經營者和員工之間，要對公司的「願景」（Vision，世界觀）有共識**。

我想各位對於「願景」這個詞彙，應該早已耳熟能詳。其實英文的「Vision」這個詞，有著「願景」一詞無法完整傳達的意涵。

舉例來說，我過去曾在全球最大的網路設備製造商——思科擔任策略部門的常務董事。思科的「Vision」，是「改善大眾工作、生活、學習及娛樂的模式」。

另外，全球最大的電商企業龍頭亞馬遜，則是揭示了「我們的願景，是成為全球最以客為尊的企業。我們要打造一個園地，讓大眾能在網路上挖掘、找到他們想買的

任何商品」的「Vision」。

誠如各位所見，原本「Vision」這個詞，指的是「具體的夢想」。因此，在本書當中，我會使用「夢想願景」這個譯詞來進行說明。

簡而言之，**所謂的「夢想願景」，指的是將「提供給顧客更多感動」、「貢獻社會」或「提升顧客價值」等夢想、理想的狀態，改換、擬訂出符合自家公司所屬事業領域的說法**。而企業組織的每位成員在行動時，都要以「是否與夢想願景有關」，來做為判斷的標準。

接下來，讓我們再從服飾店的個案，來看看OODA循環的應用。

有一家服飾店的店員，完全不考慮顧客的需求（想法），凡事都只從「企業取向」出發，思考「該如何消化掉店裡的庫存」。

然而，顧客的想法當然和他完全不同。畢竟每位來到服飾店的顧客，都只是想找「自己想穿的衣服」而已。因此，只要顧客不想買，不管這位店員再怎麼拚命為了清庫存而推銷商品，衣服就是賣不出去……。

如果這位店員依OODA循環來行動，會是什麼樣的光景呢？

1 假設這位店員所屬的公司，設定以「提供足以打動顧客的體驗」為「夢想願景」。只要公司能以這個「夢想願景」，和全體員工達成共識，店員應該就會據此採取相應的行動。

2 有一位顧客告訴這位店員：「過去我往來的對象，大多是學生時代認識的朋友；現在我和一些出入高級飯店等場所的社交圈人士，往來的機會越來越多。所以，我在服裝上還是想保有一點玩心巧思，但整體風格要做一些改變，轉以西裝外套

為主的穿搭。」（觀察顧客：Observe）

3 從這段話當中，店員得知這位顧客的世界觀，是「希望店家提供的服裝，具備相當程度的品質和設計，讓他和出入高級飯店等場所的社交圈人士往來能穿著得體（讓他們不敢小覷）」。（了解：Orient）

4 店員提出符合顧客世界觀的商品建議，顧客很滿意地掏錢購買。（決定、行動：Decide、Act）

此外，運用OODA循環，還有機會催生出前所未有的創新。

1 同前所述，這家公司設定以「提供足以打動顧客的體驗」為「夢想願景」，並與全體員工達成共識。

2 根據員工在門市與顧客進行互動調查，以及線上問卷的結果，發現很多顧客對這個品牌的品質和設計都很滿意，但對整體穿搭、保存等後續維護方面，覺得有些麻煩。（觀察顧客：Observe）

3 換句話說，從這些意見當中，可了解顧客的想法，是「希望店家能在自己需要的時候，提供必要的服飾，自己則是盡可能不想在打理服裝上花太多時間」。（了解：Orient）

4 因此，有一位員工想到了這樣的點子：能不能以本公司的「夢想願景」——「提供足以打動顧客的體驗」為出發點，提供一套包括服裝整體穿搭和保養維護在內的服務商品，而不要只是「賣衣服」。例如每月以固定金額，提供一套「訂購（定期定額）服務，為顧客提供從頭到腳，包括髮型和當季服飾、鞋子在內的穿搭建議。（決定：Decide）

5 這位員工把自己想到的點子向公司提報（行動：Act）。結果，對公司「夢想願景」有共識的其他員工，也紛紛提出「每季提供穿搭建議如何？」「在網購平台推這個方案如何？」等劃時代的想法，更激發了員工的工作動機。

6 如果這些想法獲得公司認同採用，公司的商業模式勢必大幅調整（檢討：Loop）。而這一連串的行動，全都是源自於「夢想願景」。

只要依循「夢想願景」的方向，妥善運用OODA循環，即使激盪不出案例中這麼大的火花，至少在發生超乎預期的事件時，每位員工都能根據自己的判斷，明快決定該怎麼因應，進而創造績效。

培養出這樣的組織文化之後，企業就能打造出一個真正的品牌，並持續成長。光憑商品或商品設計取勝的公司，絕對模仿不來。

發展分散式自治組織，大幅提高生產力

約翰·博伊德上校本人並沒有談及太多商業方面的策略。但我讀過他所留下來的發表資料、論文、參考過的文獻，還有博伊德的同事，以及這個領域的專家所寫的數百本書籍，並與各界交流過後，終於拼湊出博伊德在找到OODA循環的本質之前，經過了什麼樣的思考過程。

我們I & COMPANY自二〇〇五年起，即開始協助企業在商務上導入OODA循環，客戶包括汽車、電子、工具機、營造、高科技、製造、服務等，相當廣泛，而且幾乎都是大型企業。我們為這些企業的絕大多數部門，提供了執行OODA循環的建議。

藉由導入OODA循環的機會，我們也建議多家深受「大企業病*」所苦的日本企業調整為分散式自治組織，並從旁提供協助。結果，這些以往再怎麼努力都看不到成效的企業，生產力全都節節攀升，更有一家客戶在導入OODA循環之後，生產力每年提升二〇%，十年內生產力激增十倍以上（這裡所謂的「生產力」，是以該組織的勞動時間為分母，營業額為分子，所計算出來的「勞動生產力」）。

我們在為客戶進行OODA循環的諮詢時，一開始都會先透過工作坊的型式，告訴全體員工「懷抱著夢想工作」的概念，並請每位員工寫下自己想透過工作實現的「夢想願景」。

＊ 企業規模擴張後，造成經營團隊與員工之間的溝通不良，引發本位主義，或凡事推拖的公司文化，導致公司運作效率不彰。

可是，一聽到要寫「夢想」，幾乎所有人都愣住了——因為每個人都被工作壓得喘不過氣，根本無暇考慮自己的夢想。

所謂的「夢想願景」，其實並不是什麼了不起的內容。只需要寫出自己和現在任職的這家公司，想對社會、顧客做什麼貢獻，還有自己在五年及其以後想成就的夢想罷了。

倘若公司的願景，和員工個人認為有價值的「夢想願景」一致，那麼實現這個願景，就會成為員工個人在工作上的目標。**擬訂「夢想願景」，能讓「企業的願景」和「顧客本位的行為」產生連結，釐清企業組織應追求的方向。**如此一來，員工的心態就會轉為「顧客取向」，企業組織也會逐漸蛻變成人人主動任事，內心充滿期待的「分散式自治組織」。

用「VUCA」架構「視覺化」前景不明的世界

每當我們在客戶的公司裡說明OODA循環和「夢想願景」時，許多傑出的員工就會提出以下這樣的回饋：

「我第一次聽到這麼深得我心的經營策略理論。」

「以往我憑直覺做的那些事，原來就是OODA循環啊！」

延續這樣的氣氛，接著他們就會針對PDCA提問。

所謂的PDCA，是以「計劃」（Plan）、「執行」（Do）、「檢核」（Check）、「行動」（Action）的字首所組成。在戰後的日本型生產技術當中，它是一套「持續性的改善手法」，意指「要依計劃行動、檢核，並加以改善」（由於PDCA是日本所創造出來的一套手法，所以英文用詞詞性有些混淆，只有「行動」是名詞）。

如今在日本，不僅在製造業的生產線上，從政府機構到企業創新、產品研發，甚至到教育現場等，在各行各業的各種場景，都已實施PDCA。

然而，我們實際聽到的回饋，卻是「PDCA的做法實在讓人很難苟同」、「感覺運作得好像沒有那麼順利」等等。

PDCA這一套手法，完全排除了心態及情緒感受等人為因素，並以計劃完美無瑕為前提，要求相關人士一律遵循。執行PDCA的過程，是蒐集、分析必要的數據，再設定目標，接著驗證執行結果。換言之，它是一套管理工具，用來管理那些已確立運作方式的生產作業現場。PDCA一旦套用到其他的職場，就必須連人的想法等無法數據化的項目都加以分析，並納入計劃，所以其實並不適當。

有別於OODA把「意料之外」的情況視為前提，PDCA是不把「意料之外」納入前提的一種管理手法。

在此，我想和各位確認「意料之外」這個詞彙的涵義。它是日本人在商務往來上經常使用的一個詞彙，然而，透過「VUCA」的概念來思考「意料之外」這件事，就會發現PDCA能應付的範圍，實在是過於狹隘。

VUCA這個詞彙，反映了你我生存的這個（無從預測前景的）現實世界。近來，已有人開始將現實世界稱為「VUCA的時代」或「VUCA的世界」。**VUCA用「對當前的情況有多少認知」和「行動成效可否預測」這兩大主軸為基礎，將事態狀況區分為以下五個等級**（圖2）。

等級〇 **穩定**：Stable

情勢穩定的狀態，只要因循前例或模仿其他公司即可。

等級一 **不穩定**：Volatile

情勢不穩定，但研判採取一般處置就足以因應。

等級二 **不確定**：Uncertain

情勢不穩定，且行動後的成效出現變化，是無法預測的狀態。

等級三 **複雜**：Complex

面臨前所未有的全新情勢，但根據既往的行動成效，尚可預期投入行動後，會對新情勢帶來何種效果。

等級四　渾沌不明：Ambiguous

面臨前所未有的全新情勢，且完全無法掌握當中的因果關係。而因應之道也毫無前例可循，陷入不知如何處置的狀態。

在這五個等級當中，PDCA能發揮作用的，就只有等級〇（穩定：Stable）而已。從等級一到等級四，都是屬於「意料之外」的世界，OODA循環才能奏效。究竟情況該如何處置？怎麼因應？如何發揮領導力？——OODA循環能幫助我們辨識當前的VUCA等級，提供一些靈感，讓我們思考該採取什麼樣的行動（OODA循環和VUCA之間的關係，將於第二章詳述）。

此外，OODA循環是一種整體最適的思維，而PDCA則是局部最適的思維，兩者之間其實有著互補的關係。因此，只要了解OODA循環，就能明白PDCA。

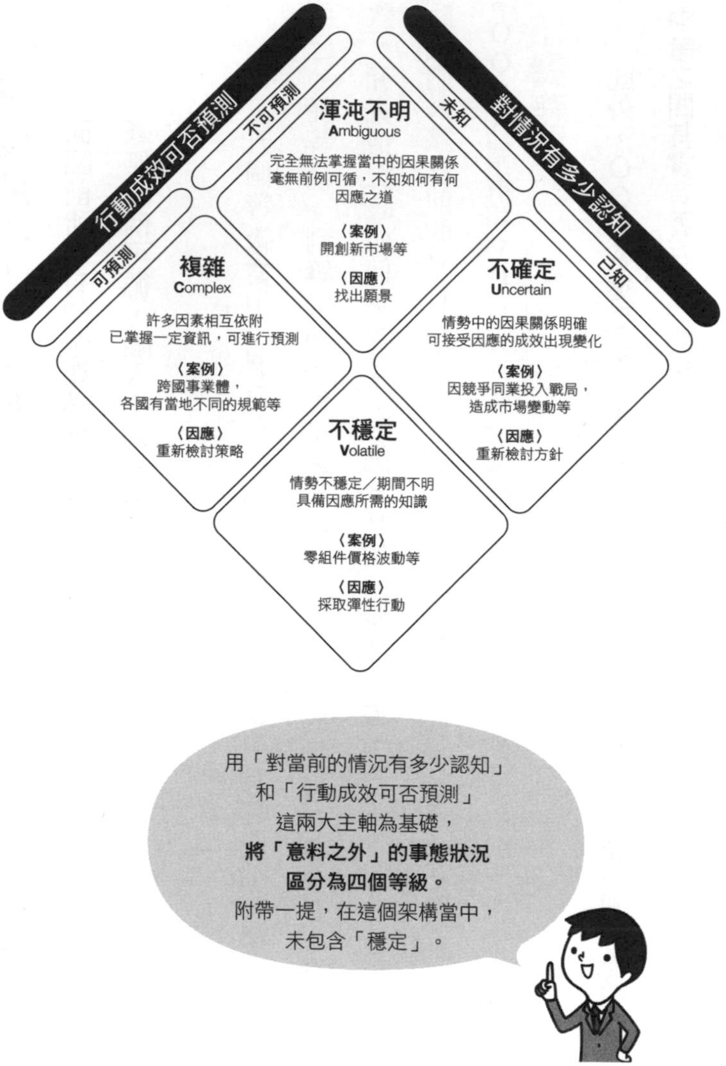
行動成效可否預測
不可預測
可預測
對情況有多少認知
未知
已知
渾沌不明
Ambiguous
完全無法掌握當中的因果關係
毫無前例可循，不知如何有何因應之道
〈案例〉
開創新市場等
〈因應〉
找出願景
複雜
Complex
許多因素相互依附
已掌握一定資訊，可進行預測
〈案例〉
跨國事業體，各國有當地不同的規範等
〈因應〉
重新檢討策略
不確定
Uncertain
情勢中的因果關係明確
可接受因應的成效出現變化
〈案例〉
因競爭同業投入戰局，造成市場變動等
〈因應〉
重新檢討方針
不穩定
Volatile
情勢不穩定／期間不明
具備因應所需的知識
〈案例〉
零組件價格波動等
〈因應〉
採取彈性行動
用「對當前的情況有多少認知」
和「行動成效可否預測」
這兩大主軸為基礎，
將「意料之外」的事態狀況
區分為四個等級。
附帶一提，在這個架構當中，
未包含「穩定」。

圖2　VUCA架構

那麼，OODA循環在實務上究竟該如何運用呢？

事實上，每個人都在用OODA循環思考。無論我們要不要使用OODA循環之前，它本身其實就是一套將人類認知行為模型化的策略理論。重點在於我們是否意識到自己正依OODA循環來思考，以及學習如何在OODA循環的各個程序當中做出判斷，進而養成習慣。如此一來，就算發生意料之外的狀態，我們也能毫不猶豫地採取行動。

在實務上該如何運用OODA循環？

前面也提過，在任何企業組織都能適用的OODA循環，是一套用來讓企業組織得以隨時因應情勢變化的策略理論。

企業組織和每位員工要先對企業的世界觀——也就是「夢想願景」（五年及其以後的目標，例如貢獻社會或提升顧客價值等）達成共識，再依當下的情況或對方（顧客或競爭同業）的狀態適度更新這個世界觀，同時還要摸清「對方的想法」（＝對方的世界觀），再決定自家公司打算將對方的心情感受帶往什麼樣的狀態，並採取行動。

舉例來說，服務業可以直覺地找出「讓顧客願意與親朋好友（男女朋友、家人、學校同學、職場同事等）分享感動的方法」，並致力落實。

想在企業組織實際應用OODA循環，需要認識幾個補充的概念和系統。

首先，想讓OODA循環在企業組織當中貫徹，就要在「世界觀：VSA」這個由「夢想願景」（V）、「策略」（S）和「行動方針」（A）所組成的概念上，和組織裡所有成員達成共識。

接著要導入「人事制度：GPDR」，對每位員工進行公平的考核，好讓企業成為一個懂得自主思考的組織。然後再運用「行動原理：PMQIR」，釐清企業組織裡有哪些無謂的浪費，以提高生產力。

上述這些內容，若以軍事作戰來比喻，會是以下這樣的情況：

某國軍隊祭出了「夢想願景」（V）這個國族大義，並依此擬訂了「策略」（S），佈達給全軍（世界觀：VSA）。

實際上，在第一線展開軍事行動的，是駕駛戰鬥機的飛行員（使用OODA循環的員工、主管、經營層峰），機上都配備OODA循環功能。

這一支軍隊平時在士氣、工作動機和自制力的提升方面，都會進行很嚴格的訓練（人事制度：GPDR），好讓他們懂得採取和「世界觀：VSA」直接相關的行動。

最新型的隱形戰機（單座戰機）可透過環景搜索、追蹤設備，快速找出周遭的敵人，目標就是要攻擊對方的世界觀。再與情報系統合作，找出合適的方法，讓敵軍指揮官認為自己「已經敗北」、「可舉白旗」。另外，還要從我軍預估的敵方世界觀出發，找出是什麼力量在支撐敵軍的「戰鬥意志」，例如要切斷、破壞糧食飲水、彈藥等的物流供應鏈（後勤補給）和指揮系統，盡速殲滅指揮中樞……等等。

戰鬥行動的基本設定，有一套「行動原理：PMQIR」可供運用。但戰況瞬息萬變，因此軍隊要根據「VUCA」（預期、分析及判斷情勢）這一套預期隨時會有「意料之外」狀況的世界觀，不斷沙盤推演各種「策略」（S），重新檢討自己的世界觀。

接著還要視「意料之外」的等級高低（VUCA），彈性調整「策略」（S）或「行動方針」（A）。有時甚至需要拋棄現在這些「行動方針」（A）背後所根據的「策略」（S），改用「策略」（S）上陣。

經過上述這一連串的思考，讓我們可以在發現敵軍後，只花四十秒，就發動攻擊——這就是OODA循環。

任務結束之後，我方的「世界觀：VSA」和OODA循環就會更新，最新的知識、見解，會成為整個組織的共識。因此，就算駕駛戰鬥機的飛行員換人，軍隊仍隨時都能以最新的狀態來面對敵人。

在本書第一章當中，我會為各位講解OODA循環當中相當重要的部分，也就是位在最前面的兩個O（「觀察：Observe」和「了解：Orient」），第二章說明在

OODA循環的「決策：Decide」當中不可或缺的「世界觀：VSA」，第三章則要談談讓OODA充分奏效所需的「人事制度：GPDR」，第四章則透過一些案例的分享，來介紹可提高生產力的「行動原理：PMQIR」。最後在第五章當中，除了要介紹OODA在企業組織運用時的十二項成功原則之外，還要剖析企業組織的典型症狀。

目錄

第1章
處理意料之外的情勢，最能發揮OODA循環的威力

第2章

和全體成員就「世界觀：VSA」達成共識，讓企業組織大躍進！

第3章

用「人事制度：GPDR」打造「自主思考」、工作動力高昂的企業組織

第4章

企業組織的生產力激增附加價值標竿管理「PMQIR」

第5章

企業組織的十二大症狀，與企業組織運用ＯＯＤＡ循環的成功原則

第1章

處理意料之外的情勢，最能發揮OODA循環的威力

OODA循環能讓下列這些「做不出決定／無法做決定」的企業組織脫胎換骨

● 以因應環境變化、創新為首要課題的組織

適用「觀察：Observe」

- 總是在模仿其他公司或因循前例。
- 公司裡雖已有籌劃新事業的內部創業團隊，但內部組織和營運依然故我，很難做出新挑戰。
- 雖已感受到新業態加入戰局帶給市場的變化，但不知如何是好。

● 決策或行動的速度慢得無可救藥，走不出泥淖的組織

適用「了解：Orient」

- 計劃擬訂、文件製作、簽呈核報、核決等作業都很花時間。

- 組織成員彼此看風向揣測上意。
- 公司裡充斥著坐等指示的員工

無法做決策的組織

適用「決定：Decide」

- 在資訊蒐集或分析上耗費大把時間
- 未充分比較、分析替代方案，就無法做決策。

缺乏實務概念的組織

適用「行動：Act」

- 輕忽實地、實物驗證。
- 經營團隊和第一線同仁在心理上有隔閡。
- 業務部等與客戶直接接觸的部門，與研發部門、製造部門對立。

消極地追究責任、推卸責任的組織

適用「檢討／推估：Loop」

- 陷入消極思考。
- 扣分式的人事考核文化已根深柢固。

案例　跳脫閉門造車的束縛，成功脫胎換骨的製造業R公司

〈導入OODA循環前〉

以往，製造業R公司的產品，向來都是採取閉門造車式的研發（R&D）。過去產品的毛利率高，公司也持續成長。可是曾幾何時，R公司轉向以「提供自家技術」為優先考量，忽略了「顧客利益」的觀點。在銷售上的心態，也轉為強勢推銷「自家公司能生產的產品」，而不是販賣「顧客滿意的產品」。

在這樣的企業組織當中，能出人頭地的，都是在風向宰制下，懷抱著「精神論式思維」的人。原本部屬應該輔佐主管，但R公司這些憑著「信念」而升官的部門主管，讓部屬之間彌漫著一股「多說也是枉然」的氣氛——畢竟公司裡重視的，不是「顧客的利益」，而是「部門主管的信念」。

R公司裡開始興起一股瞧不起外界環境、主觀策略宰制一切的風潮。也因為這樣，R公司對其他來自新興國家的競爭同業太過小覷，對自家公司的實力則過於高估……。公司裡每位員工都很樂觀地認為公司不會倒，實際上業績卻已開始緩緩地走向下坡。

〈導入OODA循環後〉

導入OODA循環後，R公司決定要加強對外界動向的掌握——為察覺市場變化，傾聽顧客意見，R公司選出一批重要顧客當作「一號瓶客戶」，並導入一套機制，用來檢驗這些顧客需求。

所謂的「一號瓶客戶」，就是極具影響力的顧客。只要這些顧客打個噴嚏，整個業界都會感冒。這裡用保齡球的一號瓶來做比喻，換句話說，打倒了這個瓶子，就會擊出全倒。

此外，R公司還設置了一個專門負責情報、資訊蒐集的「行銷情資部」（MI），在各地辦理市場調查，或透過客服中心匯集對顧客的洞察（insight）。R公司因而得以同時掌握技術面和顧客需求面的動向。

而最具指標意義的變化，就是經營團隊的座位。以往，經營團隊的主管都盤踞在董監事專用的樓層，因此容易接收到片面的偏頗資訊。於是R公司效法臉書執行長和紐約市長，請經營高層將座位移到一般員工辦公的樓層中央，讓他們能切身感受前線的動向。

後來，這些改革在公司裡紮了根，改變了整個企業組織的人員意識，R公司的業績也因此而大幅成長。

OODA循環真正的目標，是「顧客的感動」

若要用一句話來概括「OODA循環」，應該這樣解釋：企業組織裡的每一位成員，都能當場、當下立即判斷行為是否與「夢想願景」直接相關，並採取適當的行動。

也就是說，企業組織裡的每一位成員，**都各自懷抱著完整的世界觀，並在仔細審視對方的世界觀之後，以對方的心態為攻擊目標，做出決策，採取行動。**

例如在軍事作戰當中，我軍要攻擊的對象，並不是敵國的軍隊，而是下令指揮調度這些軍隊的指揮官。我們作戰的目的，不是殲滅敵軍，而是要查清楚指揮官的世界觀，擊潰他的戰鬥意志（讓他停戰）。

而在商業世界裡，我們面對的對象是顧客（或是競爭同業、自家公司股東，或自己的主管等）。先確實掌握顧客的世界觀，再讓顧客感動，進而打動顧客的心，才是我們發動攻勢真正的目的。

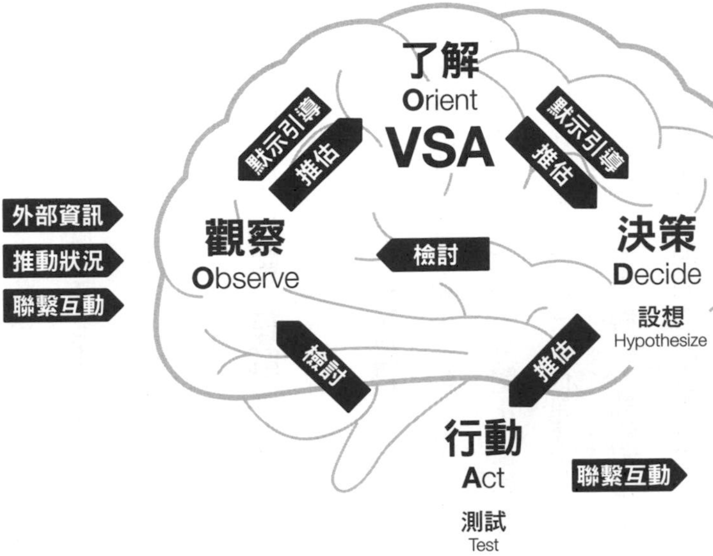

圖1-1　OODA循環

把OODA循環的五個思考套用在企業的商業活動上來說明，就會呈現以下的狀態（圖1-1）。

觀察（細看、端詳、審視、診察）：Observe

所謂的「觀察」是指仔細審視，認清事物的本質，以蒐集做出判斷所需的資訊。

例如像是①掌握顧客需求，②掌握市場脈動，③發揮所有的感受力，透過實地、實物的觀察，找出市場潮流的變化，並檢驗自家公司的狀態，了解問題的所在。

具體而言，就是不忘重視網站、社群媒體、物聯網等資訊來源，運用資訊科技，隨時監控顧客表達的留言意見。

了解（明白、判斷、理解）：Orient

所謂的「了解」就是建構「世界觀」，並且持續更新。

用自己的「夢想願景」為基礎，在腦海中勾勒出「行動方針」，以便將實現夢想願景的方法──「策略」具體化。接著就要拋棄所有的刻板印象，進入一種「可依對方世界觀採取適當行動」的心理狀態。

懷抱自己的「世界觀」，就能更正確地掌握我們「觀察」到的世界究竟處於何種狀態，同時還能破解對方的世界觀。

決策（決定、追求極致）：Decide

一般所謂的「決策」，分為「直覺的決策」和「有邏輯的決策」這兩種。在OODA循環當中，崇尚以直覺來做決策。

直覺來自於每個人的世界觀。當我們對事物處於「沒有十足把握」的階段，換言之就是尚未達到「了解」的狀態時，我們要以自己的世界觀為基礎，擬訂假設，再加以驗證。接著在分析驗證結果之後，做出決策。

行動：Act

所謂的「行動」，指的就是執行，或是實際驗證假設。執行時不能畏懼失敗，還需要展現心無旁騖、貫徹到底的強大自制力和克己之心，當然也不能隨興之所至、無自覺地行動。

檢討／推估：Loop

所謂的「檢討」，是指在「行動」結束，或是在決定「不行動」之後，再次回頭檢視，重新檢討行動方針或策略（回饋），甚至在某些情況下，連「夢想願景」都可以重新檢討。我們將這樣的行動稱為「**雙環學習**」（double-loop learning）。運作這兩個循環，就能重新檢討易淪為既定成見的世界觀，必要時甚至還會檢討、變更前提條件（退回「觀察：Observe」程序）。

舉例來說，**當某項行動得到意料之外的結果（失敗），就需要調整既往的世界觀（回饋），以適應當下的狀況**。

此外，所謂的「推估」，是指從「觀察」進入「了解」，從「了解」進入「決策」，以及從「決策」進入「行動」過程中的前饋（feedforward），也就是針對「下一個階段會怎麼樣？」進行沙盤推演，懷抱著心像（mental imagery）進行意象訓練。

OODA循環裡的第二個O（「了解：Orient」）尤為重要，因此被稱為「大O」。

在OODA循環當中的「觀察：Observe」，是要先「了解：Orient」我們「對情況有多少認知」，再把世界觀套用上去，進而掌握狀況。**要隨時正確地掌握個人或企業組織所處的狀況，才能妥善因應環境的變化。**

實施這一套「觀察」手法的企業裡，最有名的是豐田（TOYOTA）集團。豐田有一套「五次『為什麼』分析」。這是一種企業文化，建議員工要反覆詢問五次「為什麼」，以找出真正的問題所在，進而徹底地討論「問題的真正原因是什麼？」

豐田的全球願景是「為了眾人的笑容，超越世人的期待」、「引領未來的行動運輸社會」。他們看的不是自家公司，而是從「顧客需要什麼？」的觀點，觀察整個社會。

接著再透過「了解：Orient」，研判「行動成效可預測到什麼程度」。

人類即使看著相同的事物，觀察到的結果也會因人而異。這是由於每個人對內容的了解（世界觀）不同，所以對情況的詮釋也會隨之改變。當我們過度看重自己的想法，往往就會看不清整個世界，陷入常見的「看到影子就開槍」狀態。

在商業世界裡，如何讓自己的認知與顧客的需求達成一致，也就是「顧客本位」的想法，至關重要。本章開頭提到「【案例】跳脫閉門造車的束縛，成功脫胎換骨的製造業R公司」，就是曾陷入「過度本位主義」的泥淖。R公司原本看重的，是那些在公司裡橫行跋扈的「部門主管」的想法，轉換為「顧客取向」之後，企業才得以改頭換面。

約翰．博伊德以「人類無法準確地看清這個不斷變化的現實世界」為前提，主張「但我們還是要盡可能排除認知偏誤，竭力掌握真實世界的樣貌」。

讀到這裡，或許有些讀者會覺得「好深奧」。不過，簡單來說，所謂的OODA循環，其實是一套大家都會在日常生活中使用的思考模式、方法。

我在圖1-1當中為各位說明過「觀察」、「了解」、「決策」、「行動」、「檢討／推估」（第五五頁）。而就人類大腦活動而言，我們用眼睛和後腦的視覺區來「觀察」，透過大腦皮質來「了解」，再以連結大腦皮質和腦幹的基底核（basal ganglia）來直覺地「決策」。至於「行動」的指令，則是透過腦幹傳遞到全身。

說穿了，OODA循環是從賭上性命的戰鬥中，發展出來的一套手法，因此它的基礎，建立在人類最本源的思維模式之上。

OODA循環源自於《孫子兵法》和《五輪書》

在開發OODA循環之際，影響約翰．博伊德最深的，不是以克勞塞維茲為首的那些歐洲策略理論，而是孫武的《孫子兵法》和宮本武藏的《五輪書》，兩者都是東方的兵法。尤其在比對OODA循環和《孫子兵法》之後，不難發現兩者在組織策略理論上有許多共通點。

西方的策略理論，向來是以「用優勢武力壓制敵人」為中心思想；而《孫子兵法》則是先從叩問「殲滅敵人的意義」切入。後者將敵我雙方的心理狀態，也都納入了思索的對象範圍。

博伊德融合了這些東西方的策略理論，催生出「OODA循環」這個足以扭轉全球各國軍隊作戰策略的結果。

不過，博伊德留給我們這樣的一句忠告：「別當孫武或克勞塞維茲的門徒」。換句話說，博伊德這句話的用意，是想表達「孫武或克勞塞維茲的理論問世迄今，已經過了很長的時間，世界情勢已大不相同，我們要懂得隨時重新檢討、評估，不應盲目地接受這些理論。」

要依世界局勢調整自己的認知——這樣的說法其實並非博伊德首創。比方說，宮本武藏在《五輪書》的〈火之卷〉當中，就曾提出過以下這樣的說詞：

「事物之景氣，倘吾智力卓越，必可見也」

（只要我的智力夠卓越，必能看見事物的動向）

「夫敵者，應以吾身料敵之所思也」

（面對所謂的敵人，應該要讓自己站在敵人的立場來思考）

（白話版為鎌田茂雄譯，講談社學術文庫，一九八六年）

換句話說，宮本武藏也主張「要理解自己和對方的客觀定位」。

其實OODA循環的原點，就來自於宮本武藏的《五輪書》。博伊德本人積極研讀《五輪書》，也因為這樣，OODA循環仿照《五輪書》，由五個項目所組成。

日本自鎌倉時代*起，就是個武士之國。武士道崇尚品格，「懂得在現實中看清

* 西元一一八五到一三三三年。鎌倉幕府時期曾與中國的宋、元朝有過貿易往來。

本質，進而採取有效行動」的精神，一路傳承至今。而博伊德正是日本兵法和武士道的重度愛好者。

可是，日本人在組織運作上，逐漸流於過度重視忠誠。尤其在昭和*初年以後，這種傾向更是顯著。因此，日本的組織體制日漸弱化，舊日軍就是一個最具代表性的例子——組織裡的成員被要求隨時察顏觀色看風向，所有行動都是在偏離現實、過於樂觀的情勢判斷下做出決策，結果導致日本以極為悲壯慘烈的方式，在二戰中苦吞敗仗。

戰後，這種過於樂觀的情勢判斷、精神論與不合理的忠誠，並未受到檢討，迄今仍留存在日本的組織裡（這件事我想各位讀者應該都很能感同身受）。而最適合這種日本型組織意識的管理手法，就是ＰＤＣＡ。

發明PDCA的，其實是日本人？

事實上，PDCA這個詞彙，就是日本人發明的。

在二戰過後來到日本的統計學家戴明（William Edwards Deming），於一九五〇年時曾以「統計品質管制」（Statistical Quality Control，簡稱SQC）為題進行演講，日後成為PDCA的嚆矢。戴明在演講當中，闡述了一個「設計（design）→生產（production）→銷售（sell）→再設計（redesign）」的循環，而它其實是承襲自戴明的老師——蕭華特（Walter Shewhart）所提出的一套「蕭華特循環」（Shewhart Cycle），由規格（Specification）→生產（Production）→檢查（Inspection）所組成。

這裡我想提醒各位留意的是：戴明這個循環當中的每一個階段，都橫跨了好幾個不同的部門或職務類型。戴明特別強調，這個循環的重點，在於持續運作。

＊西元一九二六到一九八九年，裕仁天皇在位期間的年號。

演講結束之後，演講主辦單位——日本科學技術聯盟（簡稱「日科技聯」）的幹部，就開始提倡PDCA（品質管制循環）。這個舉動其實還受到一個背景因素的影響，那就是日科技聯過去所推行的管理手法，源自於泰勒(Frederick Winslow Taylor)的科學管理。

其實在這場演講當中，戴明完全沒提到PDCA，甚至在一九八〇年由美國聯邦審計總署（General Accounting Office，簡稱GAO）所召開的一場公聽會上，戴明還曾明確表示「戴明循環和PDCA循環（品質管制循環）沒有關係」，並提醒大眾注意「PDCA並不正確」。

PDCA是透過「檢核」（check）與「行動」（action），來檢查計劃執行後的成果，並再次行動，持續修正。

這裡所謂的檢核，帶有「阻止」（hold back）的意涵。換言之，就是要透過檢查、確認，阻止錯誤發生。此外，「檢核」一詞還包括了「治理」之意，也就是凡事都必須根據計劃，並服從計劃。而所謂的「行動」，其實就是「改善」。因為在

PDCA當中有這種「檢核後停止」的循環，所以行動會被喊停、打斷。

還有，戴明在他過世的那一年，也就是一九九三年，提出了「追求學習與改善的PDSA循環」（計劃〈plan〉→執行〈do〉→調查〈study〉→改善〈action〉）。

還有一個管理學上的循環，也影響了PDCA的問世——那就是阿爾文・布朗（Alvin Brown）在一九四七年出版的著作《經營組織》當中，所提出的「PDS循環」。這個循環，是由「計劃」（plan）、「執行」（do）和「檢視」（see）這三個元素所構成。布朗發表這一套管理循環之後，隨即在全球風行，日本各界也紛紛引進使用。

日科技聯就是根據戴明的統計品質管制，以及布朗這一套PDS循環的概念，打造出了PDCA。或許是因為日科技聯這些人的腦中，還保有第二次世界大戰期間那種重視形式的思維，因此PDCA這一套手法，就成了「擬訂計劃，檢核執行成效，暫時停止行動，進行改善」的循環，日後還在品質管制、管理的世界裡被奉為圭臬，時間長達六十年之久。

在追求產品品質提升的統計品質管制當中，「如何消除落差」的確非常重要，那是一個與人為因素無關的技術領域。此外，PDCA很適合科學驗證的思維，因此在某些性質的業務上，PDCA的確是個有效的管理手法。

不過，在大企業的生產線上，品管人員用的卻不是「PDCA」這個字眼，而是「統計品質管制」（SQC）。戴明的正宗概念，在這裡落實地傳承至今。

OODA循環和PDCA循環併用，企業「如虎添翼」

當年戴明來到日本時，日本產品的品質粗製濫造，所以日本人才會想引進一些美國的品質管理手法，以提升國貨品質。PDCA就是在這樣的念頭之下，應運而生。實際上PDCA的確做出了成效，也因為它的加持，日本的商業版圖，才開始擴及全球市場。

可是，如今時代不同了。舉例來說，放眼現今的汽車業界，我們看到的是「連網汽車」問世，各家廠商紛紛把事業主軸，轉移到「行動運輸該怎麼做？」「汽車耗能該怎麼辦？」等主題上。

現代社會裡的前提條件瞬息萬變。想適應這樣的時代，在人們以往想像不到的世界中克敵致勝，那麼在擬訂計劃之前，需要有一些策略。

在此，我想為各位介紹幾個實際應用OODA循環和PDCA循環的案例。

在生產線上的品管計劃，和品管的持續改善活動方面，PDCA循環確實有效。它可讓人在不受環境影響的情況下，擬訂出執行計劃，並落實執行。而這樣的PDCA，主要的著眼點是「治理」。

換句話說，那些要求員工「落實PDCA運作」的經營者或主管，內心真正的想法其實是「聽我的命令，乖乖服從，別想東想西，不達目的絕不罷休」。而聽令推動PDCA運作的那些部下，在高度經濟成長期間備受肯定，公司認為他們是傑出的上班族，個個都得以升官發財、出人頭地。然而，這裡其實隱藏著PDCA的缺陷——員工對於因應環境變化的措施，或意外狀況的處理，都設法能拖就拖。

要彌補PDCA的這個缺陷，最理想的方法就是導入OODA循環。**透過OODA循環和PDCA循環的串聯，可讓企業及員工懂得採取最適合當前環境的行動，也能處理意料之外的突發狀況，甚至還能學會避免失敗**（圖1-2）。

為什麼會有人說「日本企業毫無策略」？

讓我們從「策略」這個關鍵字，來看看PDCA循環和OODA循環的差異。

所謂的策略，就是實現「夢想願景」的方法，要考量企業、組織整體的活動，等於是「挑選該走哪一條路線」。至於從已選定的策略（路線）當中，決定該如何執行的內容，就是「計劃」。

而用來管理這個計劃的，就是PDCA。若只在預期範圍內運作PDCA，完

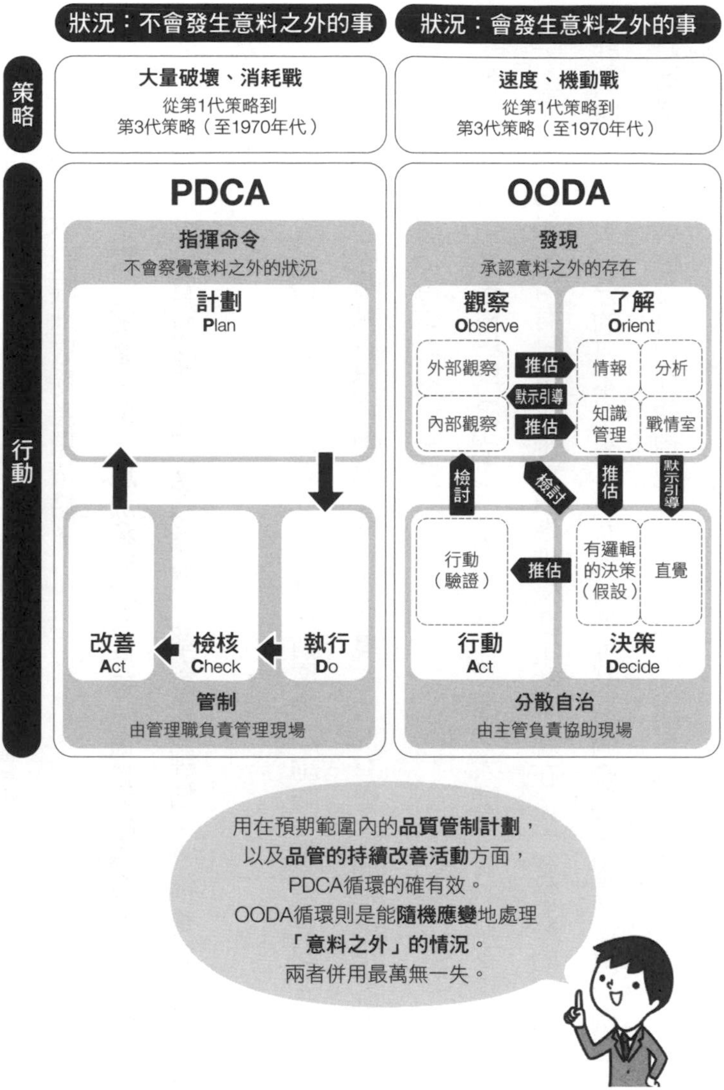

圖1-2　PDCA循環和OODA循環的比較

全不會有問題。然而，現實世界隨時都在變。因此，計劃的執行，必須衡量社會脈動，同時還要毫不設限地取捨各項策略。

就算是已經定案的策略，萬一現況和預期有落差，還是要當機立斷地更動。甚至在非不得已時，不僅是策略，連「夢想願景」都要重新評估——這是OODA循環的基本概念。

我們公司在為各類企業客戶進行OODA循環的諮詢時，不時會向客戶提出這樣的方案：「先前策略雖然已經拍板定案，不過現在情況有變，建議還是更動策略。」也就是主動建議客戶重新「檢討」策略。

麥可．波特（Michael E. Porter）等國際級的管理學大師常說「日本企業沒有策略」。那是因為幾乎所有日本企業都只準備一套策略，就在這一套策略的框架當中變換計劃而已。絕大部分的日本企業都只有「提供高品質的產品、服務」這一個願景和一套策略。萬一發生意料之外的情況，就只打算以改變計劃來因應。

事實上，真正會影響公司存亡的，不是計劃，而是公司的「夢想願景」，和實現夢想願景所需的「策略」。

「精實創業」和「設計思考」，都是從OODA循環衍生而來

在對策略和計劃都還沒有十足把握的階段，我們要擬定假設並加以驗證，也就**是啟動「OOHT」循環**。OOHT的運作流程，是先透過「觀察（細看、端詳）：Observe」、「了解（明白、判斷、理解）：Orient」，來「依顧客或世界調整自己的認知，認識自己的世界觀」，接著再進行「設想（Hypothesize），並提出假設」，以及「測試、驗證：Test」。

換句話說，啟動OOHT循環，**就是要先確實地認識我們自己的世界觀、產品觀，再擬訂假設，予以驗證，並且不斷地重覆操作這個循環**。所以，總之就是要先「試試看」。不過，經常有人誤解「試試看」的涵義。這裡所謂的「試試看」，意思當

然不是在腦袋空空的狀態下貿然地「試試看」，而是要進行「假設和驗證」。前後兩者的層次截然不同。

在日本的企業現場當中，常會以「工作內容完美無瑕」為優先考量，把時間放在其次。我希望各位在這樣的觀念裡加入一些「彈性」，學會隨機應變地做出適當的因應。

如今，許多業界的公司行號，都已將OODA循環的精華奧義融入自己的商業活動，並展現出成效。

舉例來說，製作出最簡易的產品、服務樣品，以了解顧客反應的創業流程「精實創業」，或是從顧客的世界觀出發，來企劃商品、研發產品的「設計思考」等，它們的根源裡其實都有著OODA循環的概念。

所謂的精實創業，是一套提升創業成功率的方法，源自於催生出無數科技新創公司的矽谷。初期先用短時間、低成本打造樣品，再拿這些樣品來觀察一定數量的顧客反應，接著不斷地調整樣品，直到顧客能接受為止，從中研判市場是否能接受這項產品或服務。等有把握成功時，再正式投入研發。反之，如果沒有把握讓產品或服務在推出後成功大賣，就放棄它的商品化，重新思考其他想法或方法。這個研發方法，和既往那種要先擬訂完整計劃，投入大量時間研發的模式截然不同，很有效率。

另外，現在很多商業活動都融入了設計思考。它是站在顧客的觀點，找出隱而未顯的需求（洞察），再針對商品、服務進行打樣、驗證的一種研發型態。設計思考不僅可用於產品設計，還可應用在服務設計，現在甚至還有人用它來解決社會問題。

在各位認識兩個「O」的意涵之後，接下來在第二章當中，我將透過含「夢想願景」在內的「世界觀：VSA」，和各位一起探討OODA循環的第三個程序——「決策（決定、追求極致）：Decide」。

第2章

和全體成員就「世界觀：VSA」達成共識，讓企業組織大躍進！

和全體成員就「世界觀：VSA」達成共識，企業組織就能蛻變成分散式自治組織，讓每位員工各自發揮領導力

● 缺乏足以實現顧客、員工夢想的願景

適用「夢想願景：Vision」

- 企業組織的活動目的模糊，看不出「究竟想實現什麼樣的世界」。
- 雖有經營理念或願景，卻得不到員工的共鳴。
- 無法專注投入在那些能有效促進願景實現的事物上。

● 名存實亡的策略擬訂、執行

適用「策略：Strategy」

- 苦於無法創新的新創企業。

- 企業組織裡彌漫著徒具形式的手續，或因循苟且的前例主義。
- 一味模仿其他公司，導致自家公司日漸窮困，還拿不出績效。

●過多的計劃、手續和行動指南，讓員工停止思考

適用「行動方針：Activities Directions」

- 受制於計劃、手續和行動指南，忽略了行動原本的目的。
- 花在擬訂計劃或成果報告書等文件製作、請示核決的時間太多。
- 依主管指示製作的文件，卻一直被挑毛病退件。

●被既定成見束縛

適用「心智模型與情緒感受：Mental Model」

- 整個組織都懷有一種刻板印象，認為「計劃一定要非常完整，計劃不夠完整就會失敗」。

●多數員工認為「既然多做多錯多扣考績，不如安分守己別挑戰」。

案例　由對VSA有共識的員工主導改革，原本居高不下的離職率，竟降至趨近於零！

〈導入OODA循環前〉

科技新創企業A公司是一家剛起步幾年的公司，提供電子商務的聚合（aggregation）服務。公司創辦人，也就是現任董事長一手研發出了這項聚合服務的核心引擎，之後便以此為基礎，開始發展自己的事業。

自創業之初，A公司就沒有接受任何外部注資，只用自有資金擴展事業版圖。公司員工包括公開招募的正職員工、派遣的系統工程師，以及兼職的學生。董事長不眠不休地努力工作，才讓公司勉強保住些許獲利。

然而，儘管董事長再怎麼努力挖空心思、流血流汗，經手公司所有大小事，員工仍難以穩定任職，離職率一直都維持在三〇％以上的水準。

〈導入ＯＯＤＡ循環前〉

Ａ公司要求所有員工在行動時，都要以「提高顧客附加價值」為目的。為此，Ａ公司訂定了「夢想願景」，以勾勒出企業組織具體的未來樣貌。Ａ公司讓員工彼此分享自己的工作為顧客帶來多少感動，進而凝聚大家對夢想的共識。

此外，Ａ公司董事長以往都會擬訂鉅細靡遺的事業計劃，卻完全無法預測市場動向，形成無謂的浪費，因此董事長也廢除了編擬詳細事業計劃的這項做法。況且在擬訂計劃的過程中，大環境早已改變，就算真的訂出了計劃，公司也無法依計劃行動。

不僅如此，Ａ公司為了提高顧客附加價值，還設定了一些績效指標（ＫＰＩ），其中也包含量測事業狀況用的頁面瀏覽次數（ＰＶ）等。而這些數值，都開放全體員工瀏覽。於是員工便學會在行動的同時，要時時考量KPI。

至於A公司最大的改革，就是授權給員工。在實施OODA循環之前，董事長從策略擬訂到實際作業，全都親自經手、決策。如今已將當中大半的業務，交給幾位同仁處理。他請公司員工找出公司目前面臨的問題，並提出解決方案建議。

結果，A公司因為員工所提報的建議，而推動了以下這些改革。

- 在全體員工一致建議下，重新檢討員工的勞動型態。此外，A公司還與網路環境完善的衛星辦公室租賃業者簽約合作，讓每位員工都能選擇在自己喜歡的地點上班。
- 搬遷到新辦公室，並且由員工自行規劃舒適合宜的辦公室空間配置。
- 推行「工作知識」與「嘗試錯誤經驗」分享活動，讓資深員工在講習會上擔任指導員。

就像這樣，A公司在提出「追求全員參與的自治經營」這個方向，並導入OODA循環的結果，是讓公司居高不下的離職率，降至逼近「零」的水準。

妥善運用直覺力，瞬間做出決定！

OODA循環當中的「決策（決定、追求極致）：Decide」，指的就是決斷。

要做出決斷，需先定義「對當事人自己而言，這個待處理的狀況究竟是什麼」。所謂的「定義」，又可稱為意義建構（Sense-Making）。要先做到這一點，才能正確地了解狀況，進而採取適當行動，以解決問題。

在商業活動當中，能否瞬間釐清狀況並採取行動，至關重要。此時，我們的「直覺」能力，便很有發揮的空間。

「直覺」和「決策」截然不同。決策要花時間分析，再做出有邏輯的合理判斷；

相對的，**所謂的「直覺」就是直接下判斷，而不是從幾個選項中挑選出一個解決方案**。換句話說，就是根據我們平常已在使用的那些經驗，瞬間做出判斷。例如當我們走在路上，轉個彎突然出現一個人影時，我們就會急忙閃避。像這種時候，我們並不會每件事都經過大腦思考才行動。

在日文當中，「靈感」＊（inspiration）和直覺的發音相同，但兩者的內涵其實完全不同。日本的理化學研究所已針對直覺和靈感做出了明確的定義，所以本書也直接沿用這一套解釋。

靈感是突然的靈光一現或感覺，是很主觀的東西。靈感很可能是出於偶然，因此無法在必要的時機運用，很難期待它在商務判斷上發揮效果。

而「直覺」雖然看似靈光一現，卻和「接收無意識給的靈光乍現」不同。它是「主動」的行為，是從「冷靜分析狀況、運用邏輯思考」過後，所累積的經驗之中

＊ 日文為「直感」（ちょっかん，發音是cyokkan）。

——換言之就是從潛意識裡，即時找出答案。在特定領域當中，累積越多經驗，就越能鍛鍊出敏銳的直覺。這是一種不經推論、邏輯思考和分析等過程，就能直接推導出結論的能力。

這種直覺是人類得天獨厚的能力。隨著人工智慧（AI）的發展，想必今後直覺的重要性也將日益提升。人工智慧擅長的，是從「大數據」這種龐大的資料當中「找出」結論；而人類擁有的，是從人工智慧無法做出判斷的少量資訊中，「推導」出結論的能力。

其實不僅是軍事或商業，在人生的各個環節當中，都需要你我盡早察覺周圍的變化，並且在面對現實的那一瞬間，就做出判斷，採取行動。

蓋瑞・克萊恩（Gary Klein）是直覺力研究的第一把交椅。他曾在美國空軍研究直覺力，後來成了美國白宮戰情室的主管，相當活躍。所謂的戰情室，就位在白宮的地下樓，是美國政府進行情勢分析與因應的中樞機構。這裡監控全球美軍和情報單位等機構所提供的國內外消息，並向美國總統和美國國家安全會議成員匯報必要的資訊。

在克萊恩的研究中發現，擁有二十年以上資歷的消防員等專業人士，幾乎都不會逐一分析所有選項，而是在對照當下的情況和理想的狀態後，瞬間做出判斷，並採取行動。例如資深消防員在陷入火海的房舍裡，能瞬間判斷屋內何處的地板會坍塌，指引其他弟兄遠離等。這些已達專家境界的人，其實都是在運用自己的直覺力。

只要肯鍛鍊，人人都能培養出直覺力

以將棋為例，據說每一個局面都有約八十種下法。

棋士當然會從盤面來判斷情勢，思考下一步棋。這時資歷越淺的棋士，往往越會仰賴自己的記憶力和計算等能力來下棋。可是，根據職業棋士羽生善治*的說法，隨

* 職業將棋棋士，棋力九段，現為日本史上贏得日本七大將棋頭銜次數最多，一般棋戰優勝次數最多的職業棋士。

著對弈經驗不斷累積，到接近爐火純青的階段時，棋士會逐漸轉以直覺來選擇自己要下的棋步。他也表示，頂尖職業棋士可憑直覺預測後續的棋步，並在瞬間就能知道最理想的一手該怎麼下。他們不是「思考」棋步，而是在「掌握」對弈的全盤大局。這就是所謂的直覺力。

日本的理化學研究所實驗後發現，**「直覺力」這種無意識的決策過程，可透過鍛鍊來培養**。負責掌控人類直覺的，是你我大腦裡的「基底核」。職業棋士很靈活地運用腦中的這一套回路，而業餘棋士大多無法妥善運用，難以在對弈過程中發揮直覺力，大大拉開了職業和業餘棋士之間的差距。

不過，據說有業餘棋士花了四個月的時間，集中火力練習將棋的詰棋後，對將棋詰棋的理解在短時間之內提升，也培養出了直覺力。他們開始和職業棋士一樣，用基底核的判斷來選擇棋步。

就像這樣，我們只要在特定領域累積大量的經驗，就能培養出直覺力。其實不只是將棋，人類在所有行為上，都會運用直覺力。

舉例來說，我們的各種日常行為，包括走路方式、筷子拿法、舉杯方式、單車騎法、鋼琴演奏方式等，都已確知是由基底核控制。

嬰兒剛從爬行期進入蹣跚學步期時，要先觀察四周，再動腦判斷該先跨出哪一腳，再開始走路。可是，隨著成長，孩子就會逐漸懂得如何無意識地自在步行。

傑出的名醫、能幹的企管顧問，以及在企業等組織當中大顯身手的人等等，這些各行各業的頂尖高手，不論當事人自己有沒有發現，其實隨時都在運用他們的直覺力。

所謂的無意識境界，也就是運用內隱記憶（implicit memory）進行各項活動的這份直覺力，是從每個人所累積的經驗記憶而來。而所謂的直觀力，則是在無意識之中，瞬間處理問題，提出解答的能力。**直觀是可以靠鍛鍊培養的一種能力。累積越多經驗，年紀越長，直覺力越敏銳，越準確。**

仰賴直覺力的這一套判斷模式，改變了美國海軍與陸軍等官兵的訓練方法。他們以豐富的經驗為基礎，發揮知性，無意識地從既往累積的知識庫當中找出合適的腳本，運用在當下的決策判斷上。

如果說「要發揮直覺力，就必需在該項特定領域達到專家境界」，很多人或許多會擔心「那我辦不到」。請各位放心，只要鎖定領域和訓練的對象範圍，並反覆練習，人人都能達到專家等級。

「世界觀：VSA」是人類所有思考和行動的基礎

各位是否曾經有過這樣的經驗？面對「自家公司產品突然滯銷」之類的意外狀況，讓您「腦中一片空白」……

發生意料之外的狀況時，想必大多數人都會慌張失措，陷入「不知如何是好」的狀態，或是「腦中已有對策，理智上知道該採取什麼行動，卻無法實際動作」。

這種「不知如何是好」的情況，是腦中缺乏世界觀的狀態；而「無法做出實際行動」，則是心情感受還沒跟上想法的狀態。

要避免陷入這樣的窘境，「預先懷抱世界觀」將是一個重要的關鍵。**只要我們懷有自己的世界觀，就算眼前發生意料之外的狀況，也能免於陷入腦袋一片空白，或理智上知道該怎麼做，身體卻無法行動的危機。**

世界觀不只可用來因應意料之外的情況，它對我們的發現覺察、定義、想法構思、擬訂假設，以及隨機應變的判斷等，都會帶來影響。用OODA的脈絡，把上述這些行動背後的世界觀組成一套架構，就形成了我在這一章要為各位介紹的「世界觀：VSA」。

VSA是奠基在「**實現『夢想願景』，自然就能看到努力耕耘的成果**」的思維上，所發展出來的概念。

現在，各行各業的產品品質造假問題層出不窮。其中甚至還有些企業因為處理問題拖泥帶水，最後只得退出市場。運用VSA，就能有效避免這樣的情況發生。只要企業具備VSA，每位員工就能自發而確實地處理突發狀況，防患未然。

在此，我想用一個虛構的大型消費品製造商C公司為範例，和各位一起來看看VSA。

在C公司當中，第一線員工只要在生產線上發現任何可能引發品質瑕疵的徵兆，都有權立刻停下生產線。這樣的做法，讓C公司一直都能妥善地防患未然。

C公司所設定的「夢想願景」，是「透過產品的提供，讓顧客享受滿心期待的體驗」，並與員工就這個「夢想願景」達成共識。而全體員工也都能根據這個「夢想願景」採取行動，因此只要發現任何可能引發品質瑕疵的情況，第一線員工都能自行判斷是否立刻停下生產線。

換做是其它一般企業，第一線員工恐怕會很猶豫是否真能憑一己的判斷，就停下整條生產線。然而，只要平時就要求每個行動都與「夢想願景」相關，員工就可像這家C公司一樣，依作業現場的判斷停下生產線。如此一來，瑕疵品流入市面的機率便大幅降低，C公司也能獲得顧客與市場的深厚信賴。

在OODA循環當中，「世界觀：VSA」的定義，除了包括以下這三個「VSA」的階段之外，還要加入代表心理狀態、情緒感受的「M」，也就是由「VSA＋M」這四個項目所組成（圖2-1）。

夢想願景：Vision

V（Vision）是指自己或公司在五年及其以後想達到的樣貌，和對社會、對顧客的想像。

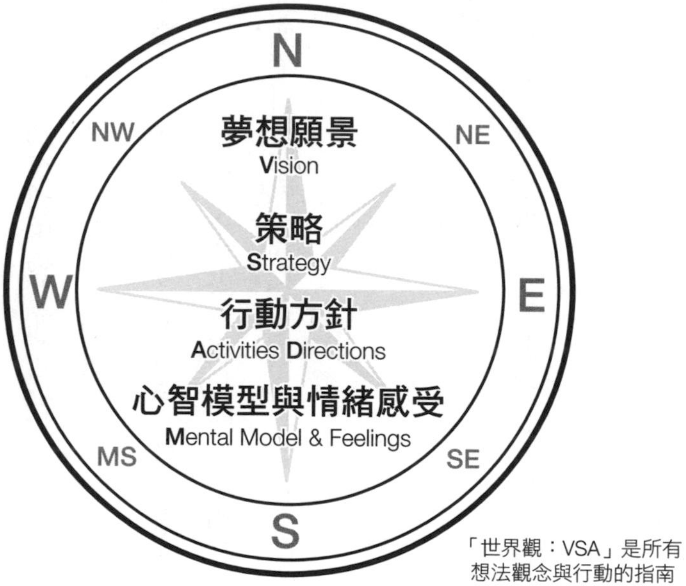

圖2-1 「世界觀：VSA」的架構

策略：Strategy

為了實現「夢想願景」，擬訂出今後願意花三到四年時間耕耘的事，以及這些事該怎麼做的方法（策略）。

行動方針：Activities Directions

訂出今後願意花一到兩年時間努力的行動方針。所謂的「行動方針」，其實是就一份指南，訂定出在各種情況下，要採取什麼樣的行動。

而這一套VSA會透過「心智模型與情緒感受（M）」，影響你我的行動。

心智模型與情緒感受：Mental Model & Feelings

所謂的心智模型（Mental Models），是指腦中對某項事物的印象或既定成見；而情緒感受（Feelings）則是指心理層面的變化或狀態。

那麼，就讓我們趕緊來看看「VSA＋M」的詳細內容吧！

V（夢想願景：Vision）～個人或企業組織想成就什麼夢想？

所謂的「夢想願景：Vision」，是指對自己衷心想實現的那個世界的想像，同時也要對顧客、對社會提出價值提案。

就商業活動而言，其實就是要訂出「終極境界」（end state），也就是「要為顧客和社會做什麼」。企業要想像顧客的心理，並在內部討論該採取哪些行動，才能讓終極境界成真。

所謂的經營，就是在創造未來。全世界所有先進的企業，都是根據自家公司的「夢想願景：Vision」來行動。

我在「前言」當中也曾提過，思科的願景是改善大眾工作、生活、學習及娛樂的模式」，而亞馬遜的願景則是「成為全球最以客為尊的企業。我們要打造一個園地，讓大眾能在網路上挖掘、找到他們想買的任何商品」。

請各位不妨站在顧客和員工雙方的立場，來思考一下亞馬遜的願景。全球最以客為尊，顧客可自由選購各種商品——如果各位所任職的公司提出了這樣的願景，而且真的實現，各位會不會覺得很開心？

實際上，亞馬遜的確因為這個願景，而從最初的書籍，發展到可以讓消費者在網路上購買各種物品。近年來，亞馬遜甚至還不只是購物平台，也以高品質、低價位，提供全球最大的雲端運算服務「亞馬遜網路服務」（AWS）。

然而，儘管我們一再強調願景的重要性，徒具形式的願景是沒有意義的。企業如果一味追求夢想，而提出陳義過高的抽象論調，與社會名譽或意義毫無關係，那麼這樣的願景，只會讓公司的經營主軸更搖擺。此外，如果員工對於公司想打造的願景世界，各有一套不同的解釋，那麼願景就無法發揮「起跑點」的功能。到頭來，企業內部的討論，很可能仍會停留在既往的延伸上。

和「夢想願景」無關的工作，做再多也是枉然

當企業組織成員懂得一切行動都以「夢想願景」為出發點時，就不會再做無謂的事。就我個人的經驗而言，有了「夢想願景」之後，絕大部分的企業，業務量都能減到過去的十分之一左右。以時間來看，一般企業幾乎都會花上約莫七成的時間，去處理無效業務，也就是為了那些和「夢想願景」毫不相關的、「無所謂」的工作，忙得

焦頭爛額。

前面我曾提過，我們公司在進行企業管理的顧問諮詢時，都會先請客戶寫下「夢想願景」。而在訂出「夢想願景」之後，下一步會再請客戶明訂「不做的事」。換言之，就是要全面廢止那些與實現「夢想願景」無關的業務。

緊接著就來為各位介紹如何擬訂「夢想願景」——其實就是反覆操作下列一到四項程序，以確定企業組織的「夢想願景」。

1　預測五年後的世界，勾勒出企業在那個世界裡該有的樣貌

首先，為了順利預測出五年後的世界，我們要先釐清五項外部因素的趨勢。

① 找出會對自家公司事業造成衝擊的市場，分析其市場趨勢和今後的顧客需求

② 找出會對自家公司事業造成衝擊的競爭同業，分析其發展趨勢（方向）和新競爭者的競爭態勢（動向）（但如因過分關注競爭同業，而忽略了顧客的動

向，那就是本末倒置了。這個分析的目的，只是為了預測五年後的世界）
③ 找出會對自家公司事業造成衝擊的替代品，分析其發展趨勢和競爭態勢
④ 找出會對自家公司事業造成衝擊的技術，分析其發展趨勢
⑤ 找出會對自家公司事業造成衝擊的供應商，分析其發展趨勢和競爭態勢

接著要再釐清自家公司的這三項內部因素。

① 事業理念（事業憲章）為何？
② 就自家公司未來的實力、人才資源和智慧財產，分析競爭優勢的來源為何？
③ 自家公司在成長過程中追求的中長期財務目標為何？

從這些觀點出發，訂出公司在五年後想達到的境界。

在部門內進行這項作業時，除了要從上述觀點出發，還要預測這個部門要面對的

顧客與事業，在五年後將會是什麼光景，並從外部因素和內部因素兩方面著手評估，擬訂出各部門的「夢想願景」。

2　站在顧客的觀點，提供有價值的建議，展現致力打動顧客的態度

3　要有獨特性，在社會上有存在的意義

4　能連結到個人的夢想

人若沒有夢想，就無法忘我地全力追夢。此外，要有夢想，才能匯集眾人的力量。員工應在個人的自我實現，和所屬組織單位的「夢想願景」之間取得平衡，並與組織裡的所有成員凝聚共識。就像我在本章開頭所介紹的案例那樣，企業以「全員參與的自治經營」為目標，就能點起員工心中熱情的火苗，讓員工心中萌生更多成就感，這樣離職率就會降低，企業的生產力也會持續提升。

S（策略：Strategy）
～用「夢想願景」反向推算，決定策略再執行

所謂的策略，就是實現「夢想願景」的方法、手段和方案。

約翰．博伊德認為，所謂的策略，是在「發生會造成許多混亂的事件，並出現許多利害關係的對立，甚至還不時會有無法預期的發展」的世界中，「整合多種不同看法的勢力，以實現特定目的的根本方法」。而其中的重點，**在於要懂得從自己想達到的「夢想願景」反推回算，訂定出應採取的策略**。

願景太過抽象，當然擬不出對應的策略。很多日本企業根本沒有訂定明確的願景，當然就訂不出策略。因此，他們只得從目前所做的行動延伸發展，擬定像「營收提高三〇％」這種模糊的計劃，也就是把想得到的事，拿來當作公司的計劃。

在由上而下管理、經營的傳統企業當中，我們常常可以看到「願景只存在層峰老闆的腦海裡，要求員工只要執行就好」的案例。在這樣的組織當中，只會擬訂出行動

計劃（中長期計劃），以作為公司行事判斷的標準，而經營風格就是落實執行計劃。人事考核全由層峰一人主導，實施恐怖統治，能為公司放一波絢爛煙火，獲得層峰認同的人，就飛黃騰達；不聽老闆命令行事的人，就被打入冷宮。在這樣的狀態下，當然招募不到優秀的人才，就算延攬到了優秀人才，也會馬上離職求去。

如此一來，公司裡就會蘊釀出這樣的文化：儘管層峰再怎麼拚命工作、發號施令，部屬也只有口頭說「是」，實際上根本沒有作為。為避免陷入這樣的窘境，就「夢想願景」和實現它所必要的策略，與整個企業組織的成員達成共識，至關重要。

A（行動方針：Activities Directions）～預做準備，以便隨時都能瞬間反應

行動方針可分為兩種，一種是個人自行決定的個別方針，另一種則是適用於整個

組織的普遍性行動原理。就後者而言，有根據顧客觀點提供企業作為決策判斷基準之用的「行動原理：PMQIR」（有關PMQIR的具體內容，會在第四章再做詳細解說）。

預先擬訂行動方針，能讓每位員工在必要時，瞬間就做出有效而精準的決定，並採取行動（圖2-2）。

從「世界觀：VSA」的組成元素來看，「夢想願景（V）」、「策略（S）」和「行動方針」這三者都是邏輯思考下的產物。

相對的，「心智模型與情緒感受（M）」則是結合遺傳資質、經驗、文化傳統、接收到的新資訊，加以分析及統整而來。不過，它也會因為我們有邏輯地認知「夢想願景（V）」、「策略（S）」和「行動方針」，而隨時更新。

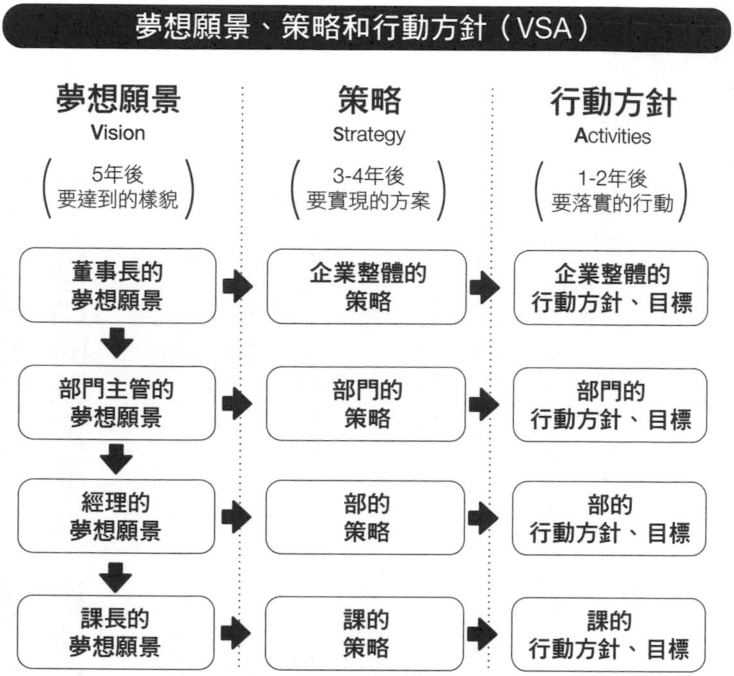

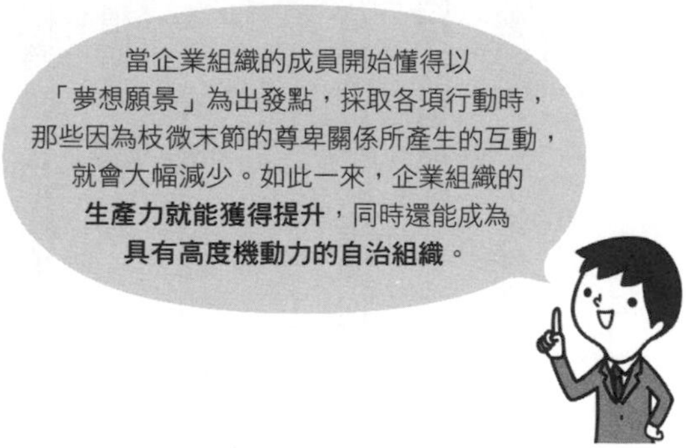

圖2-2　整個企業組織就「世界觀：VSA」凝聚共識

M（心智模型與情緒感受：Mental Model）
～隨時檢討自己的既定成見，更新自己的大腦

所謂的心智模型，是指你我腦中認為「如果事情這樣發展，我就那樣做」的想法，也就是對「行動的想像」、既定成見，和隱然懷抱的預期。

企業組織裡的成員，要懂得建構一套與「夢想願景」、「策略」相關的「行動想像」。

每個人或多或少都有一些既定成見。因此，我們要先體認自己的確懷抱著一些刻板印象，進而隨時調整這些既定成見，以適應外界瞬息萬變的環境。

舉例來說，在一些不甚理想的企業組織當中，往往會受到以下這樣的心智模型（既定成見）所宰制。

- 認定「計劃必須完整執行」、「計劃不夠完整就會失敗」

很多日本的企業組織或日本人，都有這樣的觀念。尤其是那些一直都在穩定環境中發展事業的企業組織，更常有這樣的傾向——擬訂計劃時所預期的狀況發展，和現況已有出入，必須更動計劃，而這些企業組織或個人，卻還是拘泥於原本的計劃內容，難以改變。

● **認定「要有指示，或要有前例可循的事才做」，或是堅信「既然多做多錯多扣考績，不如安分守己別挑戰」**

這些都是個人層次的刻板印象，但發生的背景，仍與企業組織的文化有關。要營造出讓員工願意挑戰的文化，需要先從企業組織的文化開始改變。

舉例來說，日本的企業多半是採取「正面表列式」的管理，也就是只列出「可以做的事」，除此之外全面禁止。若將這種做法轉為「負面表列式」的管理，也就是只列出公司「不准做的事」和「不做的事」，並予以禁止，就能營造出一個足以孕育自由創意的環境。

所謂的「情緒感受」，就是心理的變化或狀態。我們還可以進一步把情緒感受區分為「情緒：Emotion」和「心情：Mood」這兩種類型。

情緒是指人類在短時間內感受到的強烈情感，例如「恐懼」、「憤怒」、「悲傷」和「喜悅」等；而心情則是指相對微弱但持續性的情感，例如「憂鬱」、「消沉」、「積極」、「開朗」和「振奮」等。但有些心情，是我們自己意識不到的。

不過，只要隨時提醒自己採取和「夢想願景（V）」、「策略（S）」、「行動方針」直接相關的行動，心態就會變得積極向上，也能學會如何管控自己的情緒感受。

「夢想願景」（V）是OODA循環的大前提

在VSA這個概念當中，會讓企業組織裡的每位成員都能意識到：要把「夢想願景」（V）和自我實現串聯起來。如此一來，需要在當場、當下做出判斷時，每個人心中就會有一把尺。

在企業組織裡導入以VSA為核心的OODA循環，就能打造出一個環境，讓組織裡的每一個人都懂得認清事物的本質（真實世界的現實），進而用自己的判斷，採取有效的行動。

我們企管顧問在幫助客戶導入OODA循環時，第一階段只會先請全體員工寫下除了「心智模型與情緒感受」以外的VSA項目，再與拿這些內容，與企業組織或主管的「夢想願景」整合。

第二階段則是會請每位同仁省察自己的「心智模型與情緒感受」，並與一開始所寫下的「夢想願景」對照、整合。然後請員工再次寫下「VSA＋M」，並加上自己想做的事和「心智模型與情緒感受」（M），讓員工們發現自己以往不曾察覺到的一些面向。

從大型消費品製造商C公司的案例，看「VSA+M」的建構方法

我們用前面提過的大型消費品製造商C公司為範例，來看看「VSA+M」建構方法的具體內容。

大型消費品製造商C公司的董事長，為公司設定的「夢想願景」是「透過產品的提供，讓顧客享受滿心期待的體驗」。

董事長也擬訂了以下這樣的「策略」（S）：

- 在重點強化區域爭取最高的市佔率。
- 祭出能讓顧客滿心期待的絕對價值。
- 推動全公司分散自治化，並積極培育人力資源。

接著，董事長又訂定出以下的「行動方針」（A）

- 推出M產品，以迎合A品類顧客需求。
- 開發N產品，以投入B品類市場。
- 在全公司各部門實施OODA專案的VSA工作坊。

董事長所設定的「夢想願景」，就這樣成了全公司的「夢想願景」，也讓全體員工都對這一套VSA達成共識。

公司發佈這些政策之後，負責管理C公司工廠生產線的N先生，便為自己擬訂出了這樣的VSA。

○N先生的「夢想願景」（V）

從傲視全球的工廠，生產出能讓顧客感動的產品，送到顧客手中。

○N先生的「策略」（S）

落實達到全球最高水準的品質、成本與交期。

成為一座能敏捷而靈活因應變化的工廠。

千錘百鍊，讓現有人員培養出專家等級的技術，並培訓後進。

○N先生的「行動方針」（A）

以高速度、高品質和低成本，生產出讓顧客感動的產品，並在靈活因應各種情況變化的狀態下，將產品供應給顧客。（以下略）

○N先生的「心智模型」（M）

要有當家做主的意識。只要發現生產線上有異狀，就要率先採取行動，以解決問題。

○N先生的「情緒感受」（M）

就算「心智模型」（M）再怎麼健全，人難免還是會有消沉的時候。不過，相較於以往，N先生身上有了很大的轉變。

N先生因為設定了個人的VSA，開始有了工作上的內在動機。他感受到公司裡的人都很肯定他的舉動，對於他想挑戰的事，也很親切地提供協助。這讓N先生有了自信，萌生積極向上的「情緒感受」（M）。

就像這樣，只要企業組織裡的每個人都擬訂出自己的VSA，OODA循環就能讓企業效能發揮到極限。如此一來，企業最後甚至不需要管理職，每位員工都能發揮領導力，自律地堅守工作崗位。

矽谷的新創企業用「夢想願景」募集資金

矽谷的新創企業都以「夢想願景」為最優先考量。「夢想願景」夠不夠震撼，是否具體、有根據，甚至可以是左右投資人出資與否的關鍵。因此，我們要以顧客所處的環境與市場，或科技發展的趨勢等條件為基礎，擬訂「夢想願景」。

舉例來說，矽谷有一家名叫F的新創企業，創辦人F先生，想出了一項技術，能讓某個領域的軟體處理速度加快。於是，他訂定出了以下這樣的「夢想願景」。

「運用震驚世界的軟體高速化技術，讓所有適用這項技術的商業活動極端高速化，落實資訊技術基礎永續的可能。」

有一位投資人看到了他的夢想願景，便邀請他來做個簡報。簡報本身雖然七零八落，但他的技術，對世界可能帶來的衝擊之大，成功引起了這位投資人的興趣，當場決定投資好幾十億日圓。

F先生有一群精實的員工，都是因為受到他的「夢想願景」感召而來。F先生隨即和他們一起，著手實現「夢想願景」。

然而，就在他們進行模型開發和模擬的過程中，發現當初原本打算運用的那一套技術，不僅很容易被其他公司追趕超前，原本在「夢想願景」中所主張的「提升處理速度」，無法為市場帶來太大的震撼。這個團隊一再地運用各種模型嘗試錯誤，歷經好幾個月之後，有一位員工想出了一套新的模式，經過安裝應用之後，成功大幅拉高了軟體的處理速度。

由於F公司團隊成功開發出新模型，因此又增聘了一些人手，傾力開發，終於讓這個事業順利步上軌道。

美國有些企業的經營運作就像這樣，金流圍繞「夢想願景」這個核心，員工個個主動負責，積極任事。

只要懷抱「夢想願景」，連「計劃」都不需要？

為了讓各位能更深入了解「夢想願景」的細節，我除了要繼續介紹新創企業F公司的案例之外，還要談一些比較極端的想法。

只要有夠好的「夢想願景」，其實可以直接套用OODA循環，開始運作，根本不必有「計劃」。很多矽谷的企業都選擇了這樣的做法。

在前面那個F先生的案例當中，因為投資人認同他的「夢想願景」，而獲得資金挹注；因為優秀員工認同他的「夢想願景」而加入團隊，後來才得以開發出劃時代的模型，成功拉高了軟體的處理速度。他的事業就此順利步上軌道。

像F公司這種典型的新創企業，根本沒有餘力編擬詳細的「計劃」。在財務相關的預測方面，當然還是做了一些模擬，但F公司極力避免任何與「夢想願景」無直接相關的業務，將資源集中在實現「夢想願景」所需的「策略」擬訂和執行上。

F公司不拘泥於徒具形式的手續或計劃，認真思索「策略」，一邊觀察系統效能表現，一邊多次驗證假設。直到做出結果之前，F公司不斷地調整「策略」，終於找出了實現「夢想願景」的方法。

只要懷抱著如此堅定的「夢想願景」，就能讓事業成功。

「世界觀：VSA」和弓道的「正射必中」不謀而合

為什麼我們要在商業活動中加入「世界觀：VSA」的概念？其目的可歸納為以下三點：

1. 可串聯企業的「夢想願景」（V）和個人行動，員工在採取行動時能有明確的方向（明確揭示方向性）。換言之，夢想願景可明確呈現個人行動對直接受惠者——顧客所帶來的益處，以及個人所屬企業組織可望獲得的益處，有助於釐清行動的方向性。

2. 將自己有意採取的行動，和「夢想願景」相對照，就能判斷該項行動是否正確得宜，堅定自己的信心（對行動的確信）。

3. VSA能標舉出長期不變的方向性，保障「策略」（S）和「行動方針」（A）的延續性。

在日本弓道的世界裡，有所謂的「正射必中」的思維，意指「正確射出箭矢，一定能射中目標」。換言之，射中目標只不過是一個結果。

這和VSA的概念不謀而合。

首先我們要有「**重點在於『做正確的事』**」的觀念。舉例來說，當我們達成數值目標時，觀念不該是「因為我們很優秀」或「目標設得好」，而是要把它當作「做正確的事所帶來的結果」。

這樣的觀念，我們可以透過「只追求結果，卑劣骯髒」「追尋正道，以求隨時走在正道之先」等弓道思想來學習；或也可以把它想成是從「心懷高遠之志，開啟成長的無限可能」等佛教思想當中所衍生出來的思維。

比較實際導入VSA的企業，和那些只重視短期業績數值的企業，每一位員工投入工作的意識，在這兩者之間高下立判。此外，實施VSA的企業，更具有推動企業持續成長的組織實力。這些企業不求自己能在業界一強獨大，他們把「成為社會不可或缺的要角」當作「夢想願景」，擬訂實現這個願景所需的「策略」，並以此為基礎，推動企業組織營運。

只用數值目標管理，會傷害企業組織
～KPI、平衡計分卡的弊病

提到數值目標管理工具，羅伯．柯普朗（Robert S. Kaplan）和大衛．諾頓

（David P. Norton）所提出的平衡計分卡（balanced scorecard，簡稱ＢＳＣ）曾紅極一時。所謂的平衡計分卡，是從「財務」、「顧客」、「企業內流程」、「學習與成長」等觀點，進行績效考核的一種手法。

然而，當企業選用以「管理績效指標」為核心的平衡計分卡制度，和以財務報告為主軸的預算管理等手法之後，企業和員工關注的重點，就會聚焦在「數字」上，而忽略了原本選用這些手法的真正目的，其實是要落實執行策略和方針。

此外，對於偏重數字目標的管理手法會帶來哪些弊病，如今也已經有很清楚的分析。

例如有些企業的員工會刻意設定偏低的數字目標，讓自己輕鬆達標，贏得漂亮考績；或員工認為只要達成數字目標，其他事都可以馬馬虎虎。出現這些弊病的企業，最後絕大多數都廢除了管理數值目標的制度。

還有，平衡計分卡除了會讓管理數值目標的業務變得非常耗時，釀成一大災難之外，更是員工放棄更新數值目標的一大主因。

再者，數值目標管理工具「KPI」（關鍵績效指標，Key Performance Indicators），其實是為了考核成功因素的進度狀況所設，並不適合用來作為核定薪資等人事方面的考核之用。可是，目前仍有企業用KPI來進行人事考核，因此產生了不少弊病。

例如馬克・霍達科（Marc Hodak）* 曾於二〇〇二年到二〇〇四年進行過一項調查，發現標普五〇〇企業當中，根據數值目標達成狀況派發績效獎金的企業家數，佔了整體的一五%，但他們的業績表現，平均卻比其他企業低了三・五%。

員工發自內心主動想做事，是「發自內在動機的行為」。如果給予金錢報酬等「外在動機」，反而會打擊員工的幹勁。這種拉低工作動機的現象，我們稱之為「削弱效應」（undermining effect）或「壓抑效應」。

---

* 紐約大學史登商學院兼任教授。

另外，光看數值目標所做的考核，只要員工達成數值目標，不管行動內容為何，薪酬都會增加。因此，這種考核還會衍生出另一種弊病，那就是有些員工會不擇手段地設法達成目標，而忽略了公司原本設定的方針。

例如有一家汽車製造商，就因為數值目標管理得太過苛刻，導致生產前線的人員焦頭爛額，最後爆發品質瑕疵問題；還有一家電子大廠，員工為爭取更高的考績，只願意設定低於自己原有實力的目標數值，而失去了挑戰更高目標的鬥志。

由此可知，企業該做的，不是把數值目標的達成狀況反映在績效獎金上，而是要把焦點放在「夢想願景」（V）、「策略」（S），以及為實現策略所訂定的「行動方針」（A）上。

不過，以「視覺化」的工具而言，績效指標的確有它的效果，可用來即時掌握各項業務的現場狀況。每位員工可以看KPI了解現況，以便在一瞬間就採取合適行動。另外，如果公司認為在內部人事考核上，數值目標管理法還是有其效果，建議各位可將它當作「輔助工具」，用來考核員工對自己所擬訂的方針達成進度多寡。

以重新檢討VSA來因應意料之外的「VUCA」世界

我在「前言」當中也曾介紹過，「VUCA」一詞，反映了你我現今所處的這個前景不明的世界，甚至有人就把現今世界稱為「VUCA的時代」或「VUCA的世界」。

VUCA用「對當前的情況有多少認知」和「行動成效可否預測」這兩大主軸為基礎，將事態狀況區分為以下五個等級。

〔等級〇〕穩定：Stable
〔等級一〕不穩定：Volatile
〔等級二〕不確定：Uncertain
〔等級三〕複雜：Complex
〔等級四〕渾沌不明：Ambiguous

VUCA是美國陸軍戰爭學院在一九九一年發表的軍事用語。以往預期的戰爭模式，是以戰略核子武器為主軸，在戰爭中使用大量破壞性武器。隨著冷戰結束，這樣的時代也已經成為過去。而VUCA這個詞彙，就是美國陸軍為描述後冷戰時期的渾沌局勢，所使用的字眼。

VUCA所指陳的對象，不僅是眼前面對的情勢或最近發生的事端，二十年或更久之後可能發生的情勢變化，也都是VUCA的範疇。如果企業在面對這些情勢變化時，處於「渾沌不明」的狀態，那麼就該擬訂一套應變用的VSA（行為判斷基準），並與組織內的所有成員達成共識，讓自家企業有能力處理各種突如其來的事態狀況。

進入二〇一〇年代之後，逐漸開始有人在商務領域使用VUCA這個詞彙。而OODA循環針對VUCA的各個等級，都有相對應的適用方法。

〔等級〇〕穩定：Stable→預期內與認知（因循前例、維持現狀）

〔等級一〕不穩定：Volatile→重新檢討「心智模型與情緒感受」（M）
〔等級二〕不確定：Uncertain→重新檢討「行動方針」（A）
〔等級三〕複雜：Complex→重新檢討「策略」（S）
〔等級四〕渾沌不明：Ambiguous→重新檢討「夢想願景」（V）

企業組織或個人該如何面對、理解和認識VUCA的各個等級，甚至是該採取什麼樣的行動來因應，OODA循環都能提供解答（圖2-3）。

UVCA的每個等級，適用的OODA循環都不同。萬一碰上「意料之外」的情勢變化，就需要懂得認清它屬於VUCA架構中的哪個等級。

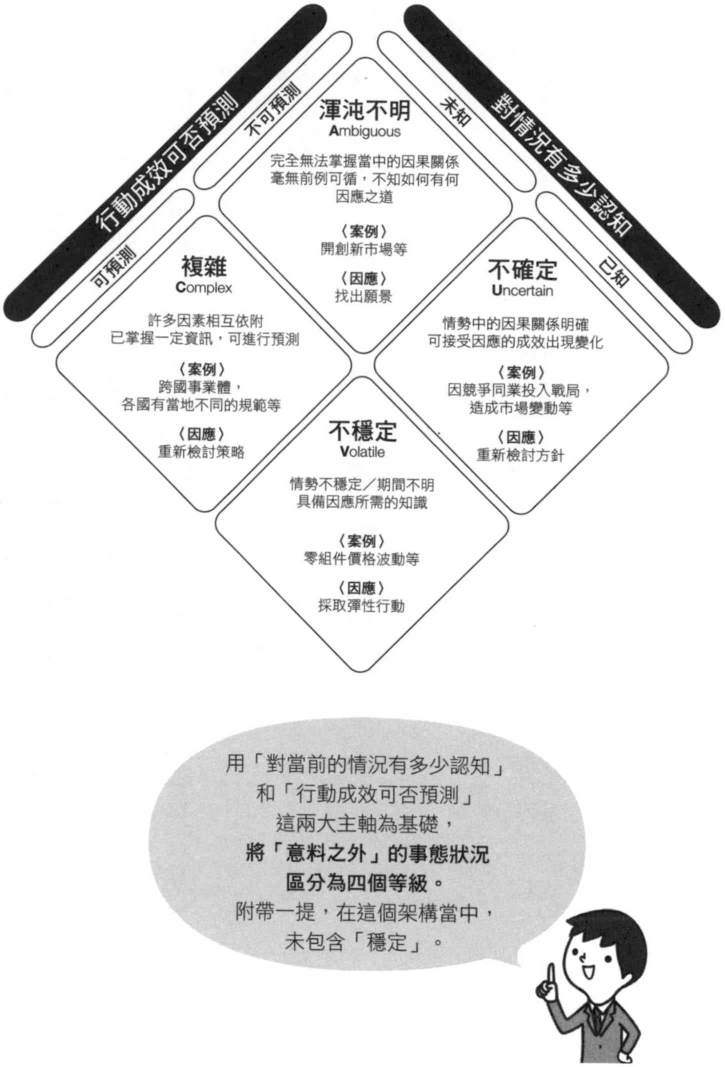
行動成效可否預測
不可預測
可預測
對情況有多少認知
未知
已知
渾沌不明
Ambiguous
完全無法掌握當中的因果關係
毫無前例可循，不知如何有何
因應之道
〈案例〉
開創新市場等
〈因應〉
找出願景
複雜
Complex
許多因素相互依附
已掌握一定資訊，可進行預測
〈案例〉
跨國事業體，
各國有當地不同的規範等
〈因應〉
重新檢討策略
不確定
Uncertain
情勢中的因果關係明確
可接受因應的成效出現變化
〈案例〉
因競爭同業投入戰局，
造成市場變動等
〈因應〉
重新檢討方針
不穩定
Volatile
情勢不穩定／期間不明
具備因應所需的知識
〈案例〉
零組件價格波動等
〈因應〉
採取彈性行動
用「對當前的情況有多少認知」
和「行動成效可否預測」
這兩大主軸為基礎，
將「意料之外」的事態狀況
區分為四個等級。
附帶一提，在這個架構當中，
未包含「穩定」。

圖2-3　VUCA架構

案例

汽車製造商發生的品質異常，和以OODA循環為基礎的因應

我用一家虛構的汽車製造商當範例，帶各位一起來思考VUCA的因應之道。

某一天，這家汽車大廠的客服中心接到一通顧客打來的電話，內容是對產品的客訴。這時，如果是正常範圍內的品質異常，只要誠懇傾聽顧客的客訴內容，並承諾為顧客修理或更換即可。然而，萬一發生了「意料之外」的瑕疵，公司就必須體認事態狀況並不尋常，並找出造成品質瑕疵的根本原因，進而全面實施相關的因應對策。

若沒有找出根本原因，確實加以改善的話，想必同樣的問題還會一再發生。一旦疏於改善，公司可能就會像日本的安全氣囊大廠高田（Takata）那樣，淪入

破產（退出市場、民事重整）的命運。

「意料之外」的情況該如何因應，牽涉到事情的嚴重性，也會因為員工對企業組織的「心智模型與情緒感受」（M）、「行動方針」（A）、「策略」和「夢想願景」（V）認知程度高低，而有所不同。

舉例來說，如果是零件有瑕疵，那麼公司就要看客訴是屬於以下四個情況當中的哪一種，來選擇不同的因應措施。

①情況「不穩定」，但研判只要先採取一般處置即可。

②已有相同的案例報告，但還不知道該如何因應。情況「不確定」。

③面臨前所未有的全新情勢，但應可以原先預期的方法因應。情況「複雜」。

④面臨前所未有的全新情勢，且不知如何因應。情況「渾沌不明」。

VUCA中的四個「意料之外」等級，及因應之道

ＵＶＣＡ的四個等級——也就是除了「穩定：Stable」（等級〇）之外的「不穩定：Volatile」（等級一）、「不確定：Uncertain」（等級二）、「複雜：Complex」（等級三）、「渾沌不明：Ambiguous」（等級四），依其等級不同，適用的ＯＯＤＡ循環也不同。

例如等級一「不穩定：Volatile」，是要重新檢討「心智模型與情緒感受」（M），等級二的「不確定：Uncertain」則是要重新檢討「行動方針」（A），至於等級三的「複雜：Complex」是要重新檢討「策略」（S），而（等級四的「渾沌不明：Ambiguous」時，要重新檢討的是「夢想願景」（V）。

我們就以這家汽車大廠的客訴處理為例，來看ＶＵＣＡ各等級該有的因應之道。

〔等級〇〕穩定：Stable→預期內與認知、因循前例、維持現狀

眾人認為只要依循公司前例，或模仿其他公司的案例來處理即可，是情勢穩定的狀態。

〈因應之道〉

在眾人認為穩定的狀態下，只要持續推動改善即可，毋需重新檢討「心智模型與情緒感受」（M）、「行動方針」（A）、「策略」和「夢想願景」（V）。企業會依循自家公司的往例，或參考其他公司的案例，來擬訂計劃，並依計劃執行。接著再檢驗執行結果，持續推動改善。只要公司對情勢有正確的認知，運用PDCA就足以應付需求。

在汽車大廠客訴的這個案例當中，所謂的「穩定：Stable」情勢，就是那位客訴車主的問題，只是因為車上裝的某個零件，在交貨驗收時沒查出是個瑕疵品，而後續

只要修好這輛車，並要求零件供應商必須在生產階段就確實維持品質即可。

此時，企業要做的，是依既定的操作指南，推動「觀察」→「了解」→「決策」→「行動」→「檢討／推估」的循環，並持續進行改善。

〔等級一〕不穩定：Volatile→重新檢討「心智模型與情緒感受」（M）

〈因應之道〉

以汽車大廠的案例而言，所謂「不穩定」的狀況，就是該起客訴屬於常見的客訴內容，雖不是完全不可能發展成召回之類的重大問題，但公司研判基本上只要用一般處置即可。

此時，公司應向接到這起客訴的員工，確認他是否因為碰上了「發生客訴」這個情勢變化，導致「心智模型與情緒感受」（M）成了他的「行動牽絆」。如果已成為「行動牽絆」，就必須找出原本內部已有共識的「行動方針」（A），為何無法讓員工採取行動，並加以改善。

換言之，這家汽車大廠需要「重新檢討心智模型與情緒感受」——拋開人人都可能懷抱的「情況不嚴重」等樂觀預期或認知偏誤，根據「行動方針」（A），重新檢視有無「召回」的必要。

若研判需要召回產品，相關部門就要通力合作，辦理召回業務。企業必須扭轉員工凡事只想「粉飾太平」的既定觀念，讓他們願意起身行動。

〔等級二〕不確定：Uncertain→重新檢討「行動方針」（A）

〈因應之道〉

以汽車大廠的案例而言，所謂「不確定」的狀況，就是以往也曾發生過同樣的瑕疵問題，公司選擇召回產品，但如今接到這起客訴的員工，卻還「不知該如何因應」。

此時，就算公司在策略（S）當中已明訂「若有必要召回，應盡速處理」，員工還是不知道該採取什麼樣的具體行動。因此，在這種情況下，企業應「檢討行動方針」，讓相關部門有能力處理、因應。

這家汽車大廠要重新檢討客服和相關部門該遵循的「行動方針（A）」，並釐清客訴原因，確認是否需要召回。若研判需要召回，公司要確實向全體員工佈達資訊，要求員工著手辦理召回相關手續，同時還要由公關部門準備對外說明情況和召開記者會。此外，公司不僅要請全體員工再次確認重新檢討過後的「行動方針」（A），同時也要調整那一套已淪為「行動牽絆」的「心智模型」（M）。

〔等級三〕複雜：Complex→重新檢討「策略」（S）

「面臨前所未有的全新情勢，但應可以原先預期的方法因應」的，就是所謂的「複雜」情勢。遇有此類情勢時，企業需要隨機應變地「檢討策略」。

〈因應之道〉

以汽車大廠的案例而言，首度出現的產品瑕疵問題，就屬於「複雜」的事態狀況。這家企業需要調整「策略」（S），以做好因應「對外說明產品瑕疵」或「召回」等新局面的準備，而非針對個案進行急就章式的維修。

面臨「複雜」的情勢時，要先重新回到「夢想願景」來思考。這家汽車製造商把「讓駕駛人安全駕駛」視為顧客價值（夢想願景），所以就要站在顧客價值的觀點，隨機應變地「檢討策略」，以實現他們的夢想願景。

發生「複雜」等級的客訴時，接獲客訴的員工必須體認到「這會需要召回」，並著手執行相關的因應措施。各部們要重新檢討「策略」（S），甚至還要一併檢討「行動方針」（A）或「心智模型與情緒感受」（M），以便能讓生產、生產技術和公關等部門能團結一致地面對難題，盡速投入處理行動。

〔等級四〕渾沌不明：Ambiguous→重新檢討「夢想願景」（V）

所謂「渾沌不明」的情勢，是指面臨前所未有的全新情勢，且完全無法掌握當中的因果關係。而因應之道也毫無前例可循，陷入不知如何處置的狀態。在這種情況下，原本該是一切判斷和行動依歸的「夢想願景」，已無法有效地發揮該有的功能，所以沒人知道事情該如何因應。此時，我們需要的是重新檢討「夢想願景」。

〈因應之道〉

以汽車大廠的案例而言，這種客訴已是「發生致命級的瑕疵，需盡速召回」的狀況。照理來說，這時應該站在顧客優先（夢想願景）的觀點，盡速著手辦理召回。如果會陷入「渾沌不明」的狀態，那就表示公司缺乏「夢想願景」，或「夢想願景」太抽象、不明確，所以第一線的員工才會不知所措。

此時，這家汽車大廠需要重新思考顧客價值和社會責任，然後再重新定義或再次確認「夢想願景」（V）的內涵。

舉例來說，安全氣囊的品質異常，會危及車主的「安全駕駛」。因此，這家汽車大廠必須從「向全體員工明白揭示『對品質瑕疵置之不理，違反本公司的夢想願景』」開始做起。

重新定義「夢想願景」（V），再重新檢討實現夢想願景所需的「策略」（S）、「行動方針」（A）和「心智模型與情緒感受」（M），集整個企業組織之力，共同解決問題。

在「行動方針」（A）或「策略」（S）不明，缺乏「夢想願景」（V）或夢想願景不夠明確時，一旦發生「意料之外」的狀況，你我就會不知道該如何應變，也就是陷入所謂的「腦袋一片空白」狀態。要避免發生這樣的問題，關鍵在於企業組織應明確地定義自己的「VSA＋M」，與全體成員達成共識，並視需要隨時重新檢討相關內容。

OODA循環在以「世界觀：VSA」為判斷基準時的使用方法

OODA循環強調在做決策時，要運用直覺來做出判斷。而判斷時所用的基準，就是「世界觀：VSA」。VSA是根據OODA循環當中的「了解：Orient）」所擬訂，並隨時重新檢討。

以VSA為判斷基準的OODA循環，內容如下：

觀察（細看、端詳、審視、診察）：Observe

所謂的「觀察」，是要認清事物的本質（真實世界的現實），以蒐集做出判斷所需的資訊。在商業活動當中，「觀察」指的是像掌握顧客需求，掌握市場脈動，或發揮所有的感受力，透過實地、實物的觀察、診斷，找出問題的癥結所在。

就算是觀察同樣的事物，所見所感還是會因人而異。例如觀賞同一段影片，有人會注意到人物的服裝、造型，有人關注演出者的講話方式等，焦點各有不同。這是因為人類的目光焦點，會選擇去看那些自己想看的事物。

當企業組織裡的每一位成員都懷抱著共通的「世界觀：VSA」時，個人就能從「夢想願景」（V）、「策略」（S）和「行動方針」（A）等觀點，觀察公司商業活動的全貌及流程脈絡，而不會受自己關注的事物牽引——因為「世界觀：VSA」會引導組織裡的每位成員，讓大家知道該關注什麼，該觀察哪裡。

了解（明白、判斷、理解）：Orient

所謂的「了解」就是理解世界，建立「世界觀」。員工會依顧客或現實世界的情況，來調整自己的認知，檢討自己現有的「世界觀：VSA」，並且不斷地更新。

能理解世界，就可以整理出「夢想願景」（V）、「策略」（S）、「行動方針」

（A）和「心智模型與情緒感受」（M），進而組成「VSA＋M」。員工對世界有所理解，願意認同，再加上個人的情緒感受，才能進入準備採取行動的狀態。

決策（決定、追求極致）：Decide

所謂的「決策」，就是要有邏輯地做出決定，或運用直覺做出判斷。直覺奠基於「VSA：世界觀」之上，有了「VSA＋M」，才能做出直覺性的判斷。

行動：Act

在「行動」——也就是執行之際，重要的是讓人心無旁騖、貫徹到底的強大自制力和克己之心，不能隨興之所至率性而為。

檢討：Loop

所謂的「檢討」，是指先投入執行之後，再重新思考「世界觀：VSA」。企業組織要懂得在情勢不穩定、不確定、複雜或渾沌不明的不同階段，重新檢討「VSA＋M」的各個組成元素，也就是「夢想願景」（V）、「策略」（S）、「行動方針」（A）和「心智模型與情緒感受」（M）。

第3章

用「人事制度：GPDR」打造「自主思考」、工作動力高昂的企業組織

實施「人事制度：GPDR」，除了能實現公平的人事考核，還能促進整個企業組織的工作動力向上彈升

●員工工作動力低落

- 員工充滿「無奈感」，缺乏幹勁。
- 員工只想做自己會的事，或自己想做的事。
- 不論是社會新鮮人徵才或轉職徵才，都招募不到優秀的人才。

●改變陳舊迂腐的人事制度

- 考核結果失準，且不給當事人回饋。
- 扣分式的考核文化，導致大家都不願意挑戰新事物。
- 員工只會一味要求公司，缺乏當家做主的精神。

● 公司裡都是自私的利己主義者。

【危險！】「組織殺手」就是這種人？

各位的公司裡，有沒有會做以下這些事的人？

● 開會時

● 每個問題都很仔細評估。

● 為了要做仔細的評估，便籌組委員會，設法讓更多人能在會議上參與討論。在會議上發表的資料，一定做好萬全準備，以便招架個各種提問。

● 會前請相關部門提供一些回覆提問時可能需要用到的資料。

- 在會議記錄等文件上翔實記載與會者發言內容，並特別留意遣詞用字，以避免發生誤會。
- 在會議上如有爭議問題，就把討論拉回前一次會議的決議事項，重新討論。
- 在會議討論時，敦促每位與會者發言謹慎、講理。
- 審慎判斷，不一味求快，以免日後衍生更多棘手問題。
- 要求相關人員務必出席會議，落實會議優先。

● 組織內

- 要求員工確實遵守內部規定等程序。
- 要求員工不可直接與業務有關部門的承辦人私下接洽，必須透過部門主管等指揮系統，不得擅自跳過規定程序辦理業務
- 嚴格遵守公司內、部門內的立場與核決權限。

- 採取行動前，務必確認該項行動是否為所屬部門之權限範圍，是否需要請示高層。

● 管理階層

- 偏袒工作表現欠佳的員工，給予不合理的考績，護航員工晉升。
- 工作表現傑出的員工，只要不符主管個人喜好，犯錯時就會被大肆批評，並給予不公平的考績。
- 要求部屬嚴格遵守所有規定。
- 要求部屬在辦理任何業務前，都必須取得核准。即使是只需要該名主管核准的業務，也要求部屬取得其他相關人員的同意。
- 要求部屬盡可能製作大量的文件。
- 即使資料重複，仍要求部屬滴水不漏地製作每份文件。
- 要求部屬不論花多少時間，都要製作出完成度極高的資料。

- 交辦工作時，對作業程序非常要求。即使該項業務的重要性不高，也很講究作業程序。
- 不將業務全權交由部屬辦理，以免部屬犯錯影響整體大局。
- 要求部屬只要聽命行事，不准部屬自行判斷工作重要與否。

● **員工**

- 不管花多少時間，都要仔細地進行工作的準備、計劃。
- 等待主管時間空檔，請主管確認自己備妥的內容，再根據主管所給的意見，再三調整。
- 即使資訊系統等工具影響工作效率，也會選擇繼續忍耐，湊合著用。
- 工作不如預期時，會設法釐清不是自己的責任。
- 會把工作表現不理想的理由，歸咎於其他人或公司的問題，例工作交辦得不清楚等。

- 自己辛苦學會的知識技術，不願意傳授給其他人。
- 工作經驗和知識技術，都是自己辛苦的成果。除非對自己的考績有益，否則不願與人合作或協助他人。
- 愛傳播一些大家有興趣的流言蜚語。
- 會盡可能集結同事，向公司追究員工待遇問題。
- 總愛強調「公司不做完整的說明，我們就不接受」，但不管公司如何說明，這種員工都無法接受，對公司窮追猛打。

● **電話**

- 辦公室電話響起時，會端出「我會搞錯、忘記電話號碼」等各種理由，就是不肯幫忙轉接。

● **交通**

• 差旅時搞錯日程、時間，或買錯、預約錯班機、車次。

● **辦公室其他**

• 損毀辦公室等建築物。

• 破壞鋼鐵、煤礦、農業等領域的生產，或損毀鐵、公路及水路等的運輸、通訊、電力等。

• 破壞企業組織的道德操守，引發混亂。

不論是有意或無心，有這些行動的人，會拉低企業組織的勞動生產力，成為破壞組織的幫兇，堪稱「組織殺手」。

CIA用來瓦解企業組織的間諜指南

前幾頁所列舉的這些項目，是從CIA的機密文件《簡單破壞實戰手冊》（Simple Sabotage Field Manual）當中摘錄出來的內容。

第二次世界大戰期間，美國派間諜潛入當時的敵軍——德國，在德國國內從事破壞敵後組織的活動。

當時編訂這本手冊，用意是在提供具體的行動指南，告訴間諜在潛入敵營該做那些事，以摧毀敵軍組織。然而，這套策略後來並沒有在日本執行。美國當年沒派間諜潛入日本，有幾個原因。

原因之一很可能是因為當時日本的組織已呈現分崩離析狀態。日本式的組織，本來就有這樣的弊病——組織裡的每個人雖不是刻意，但工作方式多少還是會拉低組織的生產力。如今，日本仍有許多這樣的日本式組織。照理來說，原本它們其實都應該要進化成「自主思考的組織」才對……。

落實執行OODA循環與VSA的「自主思考的組織」

所謂「自主思考的組織」，指的就是分散式自治組織。依事業內容的不同，有些自主思考的組織，會發展成扁平式組織或網絡式組織。我們稱這樣的組織為「充滿期待的組織」——也就是**「每個人都能朝目的地邁進，彼此砥礪、刺激，同時一起分享喜悅」的組織**。

我曾建議某家日本企業導入這樣的分散式自治組織，公司高層聽完之後，對我說：「入江先生，這簡直就是個『充滿期待的組織』啊」。從此之後，我便將它稱為「充滿期待的組織」。

所謂「自主思考的組織」（分散式自治組織），當然不是放任員工恣意妄為、各自為政。組織裡的所有成員，對VSA已有共識，所以自然就不需要多加管理——**每位成員都要發揮自己的領導力，企業才能成為一個分散自治型的組織。**

在企業組織裡導入OODA之後，就能打造出一個良好的環境，讓每位員工都懂得認清工作的本質，並採取有效的行動。而本章要介紹的「人事制度：GPDR」，是能更加速企業組織營造這種良好環境的一套機制。實施GPDR，公司就不需要再緊迫盯人地管理員工的工作細節，最終將使企業組織裡的管理職大減，所有成員都能主動扮演帶領眾人的角色，因此自然就會形成一個扁平式組織。

GPDR由以下四個元素組成：

G（Goal Setting：VSA、目標設定）

P（Performance Review：績效檢討）

D（Development：能力開發、培養接班人）

R（Rewards：獎勵、晉升）

說得更淺白一點，所謂的GDRP，其實就是一道聯結，串聯起企業「夢想願

景」的實現（V），以及個別員工的活動方向、獎勵與晉升。

在GPDR的概念當中，目標設定（G）、績效檢討（P）、能力開發與培養接班人（D）、獎勵與晉升（R）這四個階段，需要相互搭配。

導入GPDR的目的，是要讓企業組織裡的每位員工，都能發揮自己的主體性。如此一來，OODA循環就能充分發揮它該有的功能。

接著就讓我們依序來看看GPDR的詳細內涵。

設定目標，並就VSA與整個企業組織達成共識，以推動「授權」

在GPDR的第一個階段「G：目標設定」（Goal Setting）當中，要先設定目標，也就是請企業組織裡的每位成員都寫下自己的VSA。

V（Vision：夢想願景）

指自己或公司在五年及其以後想達到的樣貌，和對社會、對顧客的想像。

S（Strategy：策略）

為了實現「夢想願景」，今後願意花三到四年時間耕耘的事，以及這些事該怎麼做的方法（策略）。

A（Activities Directions：行動方針）

今後願意花一到兩年時間努力的行動方針。還要運用關鍵績效指標（KPI）等工具，掌握行動的進度狀況。

組織要順利運作，領導者的「夢想願景」和每位成員的「夢想願景」必須一致。組織裡所有人要對「夢想願景」有共識，並以實現夢想願景為目標，採取各項行動（第一〇四頁）。

世界觀是由「VSA＋M」所組成，也就是VSA加上「心智模型與情緒感受」（M）。但以書面形式在公司內部佈達時，只要公佈VSA即可。

領導者的「夢想願景」，要與團隊成員的「夢想願景」串聯。每個人要擬訂實現「夢想願景」所需的策略，再細分為具體的「行動方針」（A）。「行動方針」（A）若是可量化考核的內容，就要設定績效指標（KPI）和目標值。

主管要提供建議、協助，以便讓部屬可以朝「G」（VSA、目標設定）的方向推動相關業務。主管的工作，不再是指揮部屬，而是部屬在實現「夢想願景」這條路上的諮詢對象，或確認進展是否順利，甚至到最後，**主管要學會輔導自主行動的部屬**。這個角色，儼然就像是養育子女的父母。而部屬也和孩子一樣，可能會被過度的壓力打垮，因此需要特別留意。

此時部屬已將自己想做的事，和公司想做的事整合，因此可自行訂定「行動方針」（A），並在主管建議或輔導下，在工作現場落實執行。而這樣的做法，實質上就是「授權」。

在企業組織當中，所有員工對「夢想願景」的共識，是一項不可或缺的元素。全公司上下對「夢想願景」有無共識，將大大地影響員工的滿意度。

例如在很多公司裡，「看不到公司或經營團隊的願景」、「溝通不良」常在員工的不滿項目中名列前茅。以國別來看，日本更是各國當中問題最嚴重的。企業內部會有這樣的不滿，原因在於：包括「夢想願景」在內的世界觀，企業並沒有和全體員工達成共識。員工和公司之間對「夢想願景」沒有共識，而公司卻只以工作結果來考核員工。如此一來，員工不僅會萌生「看不到願景」的不滿，更會選擇另謀高就。

整個企業組織共同協調、整合的過程，在醞釀「夢想願景」的過程中，至關重

要。有些公司會把每一位員工的VSA，都公開放在內部首頁或內部佈告欄。此舉可讓每位員工對於「誰在做什麼」或「接下來該做什麼」，都一目瞭然。其實只要這項制度再繼續發展下去，公司就連職務說明書都不需要，到頭來甚至組織圖都會消失退場。

舉例來說，公司裡可能不只有例行業務的VSA，還有針對特殊任務專用的VSA，或是一位員工同時有好幾套不同的VSA。另外，企業內也可能依VSA或專案來編組，推動相關業務。換言之，**VSA還可以發揮「業務起點」的功能**。

此外，在每位成員都有VSA的企業組織當中，辦公空間也會出現變化——辦公室裡會出現一些協作空間，讓有相同VSA的人能聚在一起工作，跳脫既往企業裡那種各部門各據一方做事的座位形態。員工工作不再受物理上的地點限制，甚至還可以遠距工作或游牧工*。

＊用筆記型電腦、智慧型手機和平板等3C工具，在有Wi-Fi、有電源的咖啡館等非辦公室的地點工作。

運用「行動方針」和ＫＰＩ，讓員工自主設定目標，促進團結

在可量化考核員工績效的企業裡，會就ＶＳＡ的「Ａ」項目設定行動方針（Actions Directions）和績效指標（ＫＰＩ）。不過，員工自己的「行動方針」和ＫＰＩ、目標值，會由每位員工自主決定——因為強迫員工接受由高層或主管所訂定的目標值，就無法落實授權。

在本章當中，我會從以往輔導過的企業裡挑選出一些案例，用個案研究的方式，來看看「業績不振的業務團隊，徒具形式的業績目標管理」如何重生，並且更具體地說明ＧＰＤＲ。

接下來要談的，是一家銷售大型設備和相關零件的企業，如何面對業績低迷的案例。這家公司的管理手法，是以由上而下的要求的業績目標為主軸。隨著與同業之間的競爭越來越激烈，層峰打算更緊迫盯人，加強對業務部門的管理。

業務部門的員工心中則是各懷鬼胎，大家各憑本事爭取業績。公司盯得越緊，經營團隊和基層業務員的心就離得越遠。而公司裡的所有員工，如今腦袋裡也只想著要追上眼前的數字目標。

這家公司裡的業務員分成兩大類：一種是憑天生靈感開發新客戶，爭取簽約成交的天賦異稟型業務員；其他則是一般型的業務員。越是天賦異稟型的業務員，對於公司內部的行政作業越草率。對主管而言，他們是一群很難管理的「燙手山芋」。

另一方面，業務主管對於部屬的幹練才華，也鮮少表示認同或推崇。這讓天賦異稟型業務員的工作動機持續低迷不振，無心積極開發新客戶；而其他為數眾多的一般型業務員，也只會去找那些拜訪門檻較低的現有客戶，淪為碰運氣接單，不積極銷售主力商品，只靠零件更換和補充來拚業績。

因此，我建議這家公司，應重新設定公司整體和業務部門的「夢想願景」（V）和目標。

這家公司後來決定聚焦「顧客價值」，提出以「顧客的感動」作為公司的「夢想願景」。接著，公司要落實教育業務員，讓他們具備「帶給顧客感動，業績數字自然會有起色」的觀念，然後再配合上述措施，設定個別員工的VSA和目標。

這裡的出發點，是「花時間培養忠實顧客，不追求短期的數字」的概念。所謂的忠實顧客，就是「要長期經營夥伴關係的顧客」。此時業務員應列出個人業務區內的潛在客戶，推估這些企業的營收，再依營收推估值高低順序排列，以便訂定出應爭取合作機會的目標客戶。這些排序較前面的企業，就設定為要長期經營夥伴關係的目標客戶。

在這些企業當中，有些是已有生意往來或若干交流的客戶，也有些從未接觸過的公司。對於不曾接觸過的公司，可邀請對方前來參加展會，或用個人的人際網路託人引薦等，總之就是用盡各種方法，傾全公司組織之力，設法切入突破。

不僅如此，這家公司還成立了「專門服務目標客戶」的內部專案組織。

這是因為他們在聽取多家客戶意見後，發現許多目標客護想要的，不是單次性的服務，而是以一段時間為單位，由廠商提供產品銷售、租賃、零件銷售、售後服務等套裝式的服務合約。換言之，客戶想要的，是能在必要時，於必要的時機幫忙處理疑難雜症的夥伴。

因此，這家公司隨即擬出了以使用時間為單位的套裝服務合約，並重新檢討既往設備銷售、零件銷售和售後服務部門各自為政的做法，為每個目標客戶成立專屬的客服團隊。業務員在各個客服團隊當中分享顧客資訊，再由團隊共同決定要向客戶提報哪些產品或服務。

如此一來，業務員就不再是競爭關係，而是彼此分享成功案例或顧客資訊的夥伴。就結果而言，這家公司最後成功地網羅了他們想要的目標客戶。

該如何推動保證有效的「一對一面談」

接著要為各位說明的是「P：績效檢討」（Performance Review）。在GPDR當中的「P」（績效檢討），是就已設定的目標達成進度多寡進行檢討，而非檢視工作技能優劣。所謂的檢討，就是要回顧既往的工作。

我們在很多日本企業當中，常常可以看到這樣的例子：主管只憑自己的想法為部屬打考績，根本不曾和部屬仔細深談。形式上，主管的主管固然有權檢視考績內容，但這項機制幾乎不曾發揮該有的功能，讓考核制度淪為主管奴役部屬的工具。這種傳統主管能否轉型為替部下提供建議、輔導的現代主管，是一大關鍵。

「P」（績效檢討）有兩套工具，一個是每週進行的「一對一面談」，另一個是每半年辦理一次的「圓桌會議」。

一對一面談（1 on 1 Meeting）源自矽谷，是一套很有效的單獨溝通法。**部屬找主管商量，吐露自己的想法和煩惱；主管在聽了部屬的想法或煩惱之後，給予合適的**

建議。雙方在這樣的互動當中建立信任，進而讓整個組織團結一心。

近來，日本有越來越多企業導入一對一面談。然而很可惜的是，這些面談實際上多半淪為主管單方面訓話、要求，或挑員工毛病的時機。

進行一對一面談時，主管應特別留意，要營造出讓部屬願意敞開心胸談話的氣氛，一開始甚至可以聊聊近況或興趣等話題。接著再順水推舟，將話題慢慢帶到工作上，問問部屬有什麼煩惱，或未來有什麼夢想。如果企業組織內已對VSA有共識，談話內容自然就會聊到和部屬VSA相關的話題上（圖3-1）。

此外，在一對一面談當中，還會針對既訂的績效指標（KPI）——也就是VSA的「A」（行動方針：Activities Directions），檢視執行的進度狀況。此時雙方的對話，會是「一直問為什麼」的對話，就像豐田汽車會就眼前的結果，進行「五次為什麼」的分析。如此一來，部屬就會隨時提醒自己目的何在，並養成主動內省個人想法的習慣（圖3-2）。

VSA的目的

站在顧客的立場，發展**對社會有意義**的事業。

懷抱**熱情**，和夥伴一起朝同一個有意義的夢想邁進。

企業組織裡的所有成員**互助合作**，團結一心，採取必要的行動。

每位成員都能**自行**判斷、行動。

對課題**有完整共識**，共同因應。

一對一面談

明白自己和公司是站在顧客的立場，發展**對社會有意義**的事業。

體認並了解自己懷抱**熱情**，和夥伴一起朝同一個有意義的夢想邁進。

為部屬的煩惱**提供建議**，設身處地提供輔導，協助解決。

提供**建議**，讓每位員工都能自行判斷、行動。

協助員工對課題**有完整共識**，進而共同因應。

圖3-1　運用VSA，在一對一面談中隨時檢討員工的目標進度，並提出建議

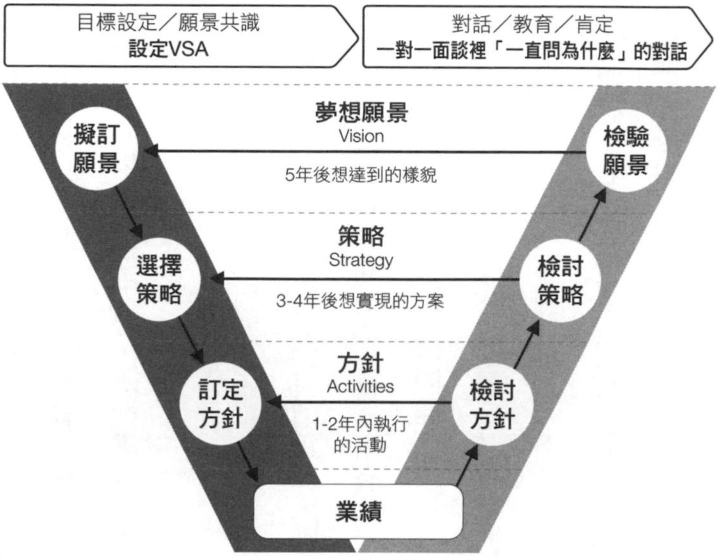

擬訂願景
- 認清內外部變因的趨勢
- 訂出夢想願景，並與顧客、員工達成共識

選擇策略
- 認清內外部情勢
- 訂出如何將商品或服務提供給哪一種顧客

訂定方針
- 依不同顧客，分別訂定出各相關單位、部門所扮演的角色與配合方法
- 依不同顧客，分別訂定產品／服務的供應方針
- 積極複製成功案例

檢驗願景
- 如何實現願景？
- 進度不如預期的原因為何？該如何因應？

檢討策略
- 如何落實執行策略？
- 進度不如預期的原因為何？該如何因應？

檢討方針
- 如何落實執行方針？
- 進度不如預期的原因為何？該如何因應？

業績
- 如何提升業績？
- 進度不如預期的原因為何？該如何因應？

圖3-2　一對一面談的提問範例

這時候，主管要對部屬的工作方式或學習方法提出建議，或對部屬的卓越績效給予肯定。尤其還要設法協助部屬，讓他們發現那些自己沒發現的事項（特別是正向的部分）。如果能善加引導，讓部屬就像照了鏡子一樣，發現自己以往疏忽的地方，那就再好不過了。

從一對一面談的對話當中，可以聽出員工的VSA進展是否順利。部屬可透過這個機會，和主管分享自己目前正在挑戰的事項、現有的成果，以及面臨什麼樣的煩惱。待雙方都有共同認知之後，主管再提出「**在你執行VSA的過程中，有什麼我能幫得上忙的地方？**」這個問題。

提出這個問題之後，部屬應該就會開口尋求主管的建議。這時主管才能盡其所能地提出建言。

還有，若部屬的努力已有成效，別忘了立刻向上提報，讓部屬能列入董事長獎或部門主管獎的評選名單。

與其肯定「能力或技術」，不如考核員工對「夢想願景」的貢獻度

在「P」（績效檢討）當中，各位最應重視的是「『夢想願景』的體現度」。以往，絕大多數的日本企業都以「能力或技術」（職能）作為考核主軸。我們就是要扭轉這樣的觀念。

大多數的傑出人士，都擁有足以爭取考績的「能力或技術」，也懂得如何在公司裡強調自己的這些優勢。然而，光會做這些事，看起來就只不過是個「本位主義」的人。不僅如此，當公司的人事制度縱容「本位主義」的員工平步青雲時，其他員工就會對公司心寒，最後選擇毫不留戀地辭職。

公司必需表明「**不肯為實現『夢想願景』投入心力的員工，就算再有能力，我們都不需要**」的態度，以跳脫本位主義橫行的狀態。

換言之，在「P」（績效檢討）的過程中，除了評估狹義的績效（業績、成果），還會看員工對「夢想願景」的貢獻度，從這兩個向度來考核員工。目前幾乎還看不到日本企業實施這種融合「夢想願景」的二向度考核。

就GPDR的「P」（績效檢討）來看，個人的目標設定項目當中應該要有「對VS（「夢想願景」和「策略」）的投入」、「A」（行動方針）和「績效指標」（KPI）。

「對VS的投入」是指個人在實現「夢想願景」和落實執行「策略」時，必須展現的態度或行動，堪稱是個人的「領導力」。而「A」（行動方針）和KPI則是傳統上所指的狹義績效（業績、成果）。

而把「領導力」和「績效」這兩個面向，分成三個等級來呈現的，就是接下來要談的這一套考核工具「人才九宮格」（nine block）。在考核員工時，要請職級高於當事人的相關管理職全數出席，在「圓桌會議」上決定這位員工應擺放在九宮格裡的哪個位置上。考核時，與會成員應基於事實，對當事人進行公平的審核。如圖3-3所示，

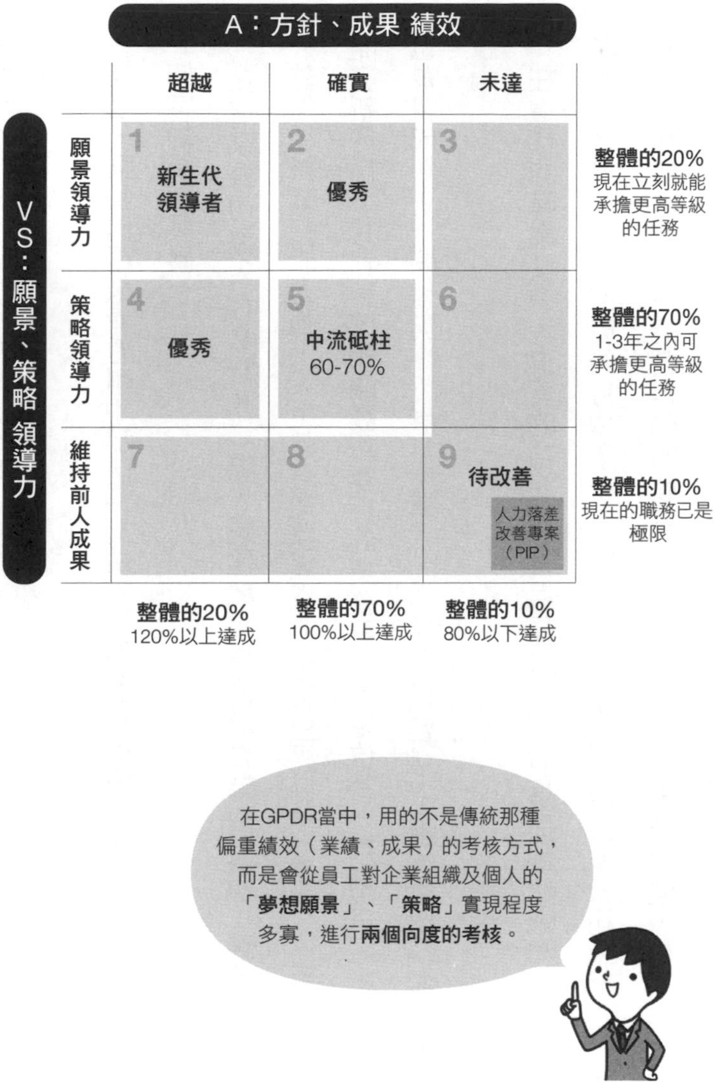
A：方針、成果 績效
超越
確實
未達
VS：願景、策略 領導力
願景領導力
策略領導力
維持前人成果
1 新生代領導者
2 優秀
3
4 優秀
5 中流砥柱 60-70%
6
7
8
9 待改善
人力落差改善專案（PIP）
整體的20% 現在立刻就能承擔更高等級的任務
整體的70% 1-3年之內可承擔更高等級的任務
整體的10% 現在的職務已是極限
整體的20% 120%以上達成
整體的70% 100%以上達成
整體的10% 80%以下達成
在GPDR當中，用的不是傳統那種偏重績效（業績、成果）的考核方式，而是會從員工對企業組織及個人的「夢想願景」、「策略」實現程度多寡，進行兩個向度的考核。

圖3-3　人才九宮格考核

人才九宮格的縱軸是領導力，橫軸則是績效。

那麼，讓我們再來看看剛才那個「業績不振的業務團隊，徒具形式的業績目標管理」個案的後續發展。

在這家公司導入GPDR之際，我建議將業務員分為兩大類，讓他們各司其職。首先，將業務能力強，天生就有業務靈感的業務員定位為「獵人」（hunter），負責開發新客戶；其它不擅長開發新客戶的業務員，則定位為「挖掘者」（miner）。有時也會組成新客戶開發團隊，讓有「獵人」素質的資淺員工，跟著資深「獵人」一起跑行程。

在這樣的職場當中，主管的功能並不是管理員工，而是提供建議和輔導。主管不必鉅細靡遺地管理部屬的每項業務，而是要從旁協助，讓自家公司或部門，成為一個人人都能自主採取適當行動的職場。至於業務員則是不分類型，都以「在促進VSA目標達成的過程中，展現了多少領導力」為考核重點。

再介紹一個設定多項考核重點的案例。有一家過去以電腦相關產品銷售為主業的公司，在轉型為主攻雲端服務的過程中，導入了GPDR。

這家公司改以「整體營業額」和「訂閱營業額」這兩大目標，來當作業務員的績效指標。

在這樣的目標設定之下，業務員只要達不到訂閱營業額，即使達成了整體的營收目標，就拿不到好的考績或績效獎金，反之亦然。如此一來，每個業務員就會開始自主思考如何達成這兩項目標，進而採取行動，甚至還會彼此互助合作。

用「圓桌考核」掃除所有不公平的人事考核

以圓桌（round table）會議的形式，於每半年或每季進行一次個別員工的定期人事考核，是一個很有效的做法。用圓桌的效果，在於它可讓與會成員不分職位高低或立場，表達自己的意見。一般的四方桌，難免會分座次高低，讓人隨時意識到彼此的上下關係。

日本企業組織在考核上常見的問題，是過於重視屬人主義式的連結，也就是看當事人與主管的親疏程度，來決定個人的考績。我們也看到在很多案例當中，主管考核的重點，不是部屬的能力，而是部屬有沒有乖乖順從自己的意見，或甚至是以個人的好惡等情緒來打考績。這樣操作的結果，導致許多企業的人事考核都已名存實亡。不得主管歡心的部屬，考績被惡意地打低，而考核結果卻連回饋給本人都沒有。

在圓桌考核當中，會召集約二十位職級較當事人高，且與當事人有較多共事機會的主管，考核當事人如何在VSA方面展現領導力，以及做出了哪些成果。一開始會先由當事人的直屬主管，拿出以領導力為縱軸、以對（狹義的）績效貢獻度為橫軸所畫出的人才九宮格，發表自己對當事人的考核內容。

開始實施圓桌考核之後，首先會改變的，是主管的意識——因為主管必須在眾人面前，說明自己做出這份考核的根據。

我們在前面探討過的「業績不振的業務團隊，徒具形式的業績目標管理」個案當中，也發現曾有過以下這種逢迎拍馬的人事考核。

在圓桌考核席間，有位主管下意識地說出了部屬平時對自己的貢獻有多大。於是包括這位主管在內，與會者都發現他給的考績，不是審核員工對企業組織的「夢想願景」有多少貢獻，而是因為員工對他個人的討好取悅。就我過去經手諮詢、輔導的企業個案來看，像這種亂打考績的主管，至少就佔了整體的兩成。

只要透過圓桌考核，讓企業真正落實檢討員工績效，確保考核公平性，部屬就能以個人或企業的「夢想願景」目標，主動採取行動，而不是為了討好主管。

此外，原本屬於獨行俠型的業務員，也會因為要在GPDR當中爭取考績，而積極展現自己的領導力。

透過合適的人才培育課程，為接班人培養直覺力

接著讓我們一起來探討「D：能力開發、培養接班人」（Development）項目。設定目標時，主管應協助規劃必要的技能開發訓練課程，並針對個別員工在能力或技術上的不足之處給予建議，或在工作上實施OJT（在職訓練）、教育訓練。

高階主管的接班梯隊培訓，同樣要以這種訓練模式來辦理。所謂的「接班人計劃」（succession plan），應依以下方式進行：除了董事長之外，所有主要職務都要提交三位接班（候選）人名單給人事部門。主管應在事前提供必要的協助，以便在高階主管離開現職後，能讓接班人當中的第一候補，在符合技能和經驗等要件的情況下，扛下接班大任。

接班人計劃的資訊，除了要在高階主管之間達成共識外，還要告知「P」的圓桌考核成員。如此一來，就能掃除所有不公平的、逢迎拍馬的人事決定。

還有，在培養接班人時，為了讓這些接班人能具備直覺力，需要特別加強磨練。「直覺力」並非與生俱來，而是要透過經驗的累積和磨練來培養。雖然在第二章當中，我已稍微談過直覺力，不過，所謂的直覺力，其實是一種意象，而非靈光一現；是一種下意識地找到結論的能力，而非刻意為之。此外，想培養直覺力，就要有自己的「世界觀：VSA」，才有能力在當場、當下，做出OODA循環裡的「D」（決策）。

這裡舉一個製造現場的例子，來為各位說明直覺力。

負責管理製造業生產線的人員，需具備很敏銳的觀察力。說穿了，這種觀察力，其實就是運用個人原始的感受力，來察覺生產線上的異常狀況。生產線上的主管，必須在第一線身經百戰，以培養出能憑直覺反應的敏銳度。

究竟該如何培養直覺力呢？讓我們一起來看看要如何訓練出具備直覺力的專業人士（大師、專家）。這裡要談的，是以德雷福斯兄弟（Stuart Dreyfus and Hubert Dreyfus）的研究成果——「隨著對技術的熟練度提升，人類對直覺的仰賴程度會高於專業知識」為基礎，所發展出來的概念。德雷福斯兄弟從這個概念出發，訂定出直覺力的習得階段，也就是所謂的「技能習得模型」。運用這個模型的目的，在於釐清「學會一門技能」的進程，以期在最短期間內，讓新手成為具備直覺力的專業人士。

在直覺力的習得階段——「技能習得模型」當中，把從「新手」到「具備直覺力的專業人士」的這段過程，分為五個階段。

1. **新手**（Novice）：需要仰賴操作手冊、檢核表、指示、規則、方法論、教科書、參考書、食譜的階段。
2. **進階學習者**（Advamced Beginner）：需要指導原則的階段。當對作業進行方式或因應方法感到猶豫時，就可以回到指導原則或參考書，找出提及該如何處置的段落來參考。

3. **勝任者（Competent）**：即使面對新問題，也能應用既往經驗，自行解決的階段。勝任者已可隨機應變，但還無法自己找出問題，並加以解決。

4. **精通者（Proficient）**：能在掌握工作與問題全貌的前提下採取行動，且有能力回顧自己的舉措，進而自行改善的階段。

5. **專家（Expert）**：能憑直覺行動的階段。專家已有相當豐富的經驗，即使發生意料之外的情況，也能援引自己的經驗加以應用變通，找出解決問題的最佳方案。

關鍵在於企業要拿出「GPDR會一直執行下去」的態度

最後再讓我們來看看「R：獎勵」（Rewards）。

企業在導入GPDR後，要將員工的基本待遇、獎金金額、升職加薪、表揚制度、按「讚」數、配股制度等各種機制，根據GPDR來擬訂制度。

此時**最重要的關鍵，在於公司要拿出「GPDR會一直執行下去」的態度，讓員工知道公司是認真的**。GDPR這一套機制，要透過整體而持續的改革，才能看到成果。如果企業在還不清楚是否會有成效，情況渾沌不明之際，就貿然廢止GPDR，只會傷害整個企業組織，造成反效果。把GPDR當作「一次性的短線政策」，會讓員工的意識改革半途而廢，工作動機甚至可能降到低於改革之前的水準。

針對上述這樣的現象，其實已經有明確的研究報告。儘管在報告中所用的，是因為推動改革而越改越差的案例。不過從「短期內反覆推動改革，對企業所造成的影響」這一層涵義來看，是一項很有意思的研究。

這項研究，是芝加哥大學團隊在以色列一家托兒所進行的調查*。調查結果有一部分已廣為商管書籍介紹、流傳，所以或許有些讀者已經聽過相關的內容。

這家以色列的托兒所，為了遏止家長太晚到校接孩子，便規定若晚接孩子，家長就必須繳交數千日圓的罰款。沒想到此舉竟然造成了反效果，祭出罰則後，晚接孩子的家長反而變多了。這項規定只實施了十個星期，托兒所便宣佈收回成命，孰料晚接孩子的家長更因此而激增。

從這項調查當中，我們可以解讀出一個訊息：人類對於可以用錢解決的問題，往往會傾向花錢消災，即使這筆錢的名目叫「罰款」也無妨。然而，這裡我想請各位關注的是「廢止罰款制度之後，晚接孩子的家長人數更激增」。托兒所的規定一變再變，讓家長紛紛心寒。

簡而言之，托兒所既然要改變政策，就要繼續落實執行罰款制度，讓每位家長都明白所方是認真的。

＊　經濟學家葛尼奇（Uri GNEEZY）和拉切奇尼（Aldo Rustichini）在二〇〇〇年所做的實驗。

前面我們研究的「業績不振的業務團隊，徒具形式的業績目標管理」這個個案，在改革之初，業績數字也同樣重挫。然而，有一群從以往就意識到公司問題的員工，人數大約佔整體的一到兩成左右，他們堅持「改革必須貫徹到底」，才得以讓公司業績在短時間之內反彈。

不過，當初也有一些員工因為失去了既得利益，而反對公司推動改革。另有一家企業在導入GPDR時，因為員工不願改善因循守舊的意識，而流失了一批包括中階管理職在內的員工，人數約佔全公司的一五%。

從目標設定到表揚、晉升，GPDR的運用一路無縫接軌

我在許多企業當中，都看到了GPDR各階段之間的裂痕。

舉例來說，有些企業的目標設定不夠完整，主管卻在人事考核的場合中，突然說

出「我期待的是這樣」——這是「G」（VSA、目標設定）和「P」（績效檢討）之間的裂痕，將引發員工「那你怎麼不早說」的不平之鳴。

只要提出以下這些問題，就能知道「G」（VSA、目標設定）和「P」（績效檢討）之間是否已出現裂痕。

- **原先已根據公司的「夢想願景」、策略和方針擬訂出目標，現在是否已就這個目標的達成度高低進行績效檢討？**
- **員工是否已接受「目標要與績效檢討互為表裏」的觀念？**
- **員工是否認為「績效檢討都是依個人好惡評斷」？**

企業若沒有從「對員工實施的績效檢討」出發，討論員工培訓事宜，導致員工培訓亂無章法時，就是「P」（績效檢討）和「D」（能力開發、培養接班人）之間出現了裂痕。

在這種情況下，恐怕會讓員工認定「公司對員工的培訓和能力開發很消極」。

只要提出以下這些問題，就能知道「P」（績效檢討）和「D」（能力開發、培養接班人）之間是否已出現裂痕。

- **主管是否以「開發部屬的專業能力」為目標，要求部屬規劃、執行各項業務？**
- **部屬是否和主管討論過自己的職涯路徑（career path）？**
- **主管是否已預設自己的接班人選，並為這位人選進行必要的能力開發，以便讓當事人順利接班？**

讓接班人在能力開發計劃的規劃下，根據「P」（績效檢討）的結果晉升，才是最正確的做法。

只要提出以下這個問題，就能知道「D」（能力開發、培養接班人）和「R」（獎勵、晉升）之間是否已出現裂痕。

- **多數員工是否認為「晉升不是看能力，而是看得不得寵」？**

「R」（獎勵、晉升）應循既定的VSA、目標來辦理。

只要提出以下這些問題，就能知道「R」（獎勵、晉升）和「G」（VSA、目標設定）之間是否已出現裂痕。

- **員工的獎勵或晉升，是否在參酌當事人對公司的「夢想願景」、策略、方針和目標的貢獻度後才定案？**
- **員工因為和自己無關的團隊目標未能達成，而影響考績時，是否心懷不滿？**
- **員工是否認為「獎勵、晉升都不是看能力，而是看得不得寵」？**

企業主管要懂得提出這些問題，查明GPDR的各階段之間是否已出現裂痕，並現場確認GPDR之間已有完整的串聯。

「自主思考」讓企業組織整體的工作動機向上提升

當員工願意主動參與工作，努力不懈，看到成果之前絕不放棄的念頭（工作投入）轉趨強烈時，「人事制度：GPDR」就要進入下一個階段。

此時，企業要在GPDR的各個階段中，把裁量權下放給員工。

舉例來說，企業不再需要以圓桌考核來進行「P」（績效考核），改讓每位員工自己打考績，自己決定當誰的部屬，自己訂定薪酬。能達到這個境界的企業組織，我們稱之為「分散式自治組織」（Distributed Autonomous Organization，簡稱DAO）、「全體共治組織」（holacracy）、「青色組織」（Teal Organization）或「賽姆勒主義*」，也就是新世代型的「充滿期待的組織」。

* 李卡多．塞姆勒（Ricardo Semler）的著作，原文書名為《Maverick》，日文譯為《賽姆勒主義》（Semlerism），內容談全體員工共同參與式的經營。中文書名為《夥計．接棒》。

第4章

企業組織的生產力激增附加價值標竿管理「PMQIR」

附加價值標竿管理「PMQIR」可為企業掃除無效業務，進而提升全體員工的附加價值，讓員工能專心投入重要的工作

●提升速度與品質

- 員工可正確、迅速地處理完工作。
- 工作速度變快，多出來的時間可以投入更多或更重要的工作。
- 可同時改善品質與成本。
- 比「勞動方式改革」的成效更好（降低加班時數＋提升員工滿意度＋持續提升生產力）。

●創新

- 即使出錯也能迅速改正，快速學習。

● 領導力
● 不再任由顧客、主管、部屬或同事擺佈，而是這些人願意跟隨你我前進。

案例 導入PMQIR，生產力激增的大型機械製造商

〈導入OODA循環前〉

有一家機械大廠的董事長對我說過這樣的期待：「為提高我們公司的生產力，我想以全世界的工廠為標竿，進行標竿學習。」我在接下這個案子之後，為這家企業找了競爭同業的工廠，和他們的自家工廠一併進行標竿學習（benchmarking）。

經過我們統計之後，發現相較於競爭標竿，這家企業的工廠可於改善後提升競爭力的機會，竟逾總成本的三六％。

然而，最大的問題是：這家公司明白人員、成本還有撙節的空間，但不知道該如何執行。被評鑑為生產力不佳的工廠，只是和其他工廠比較之下相形見絀，即使公司有心想改善，也不知道究竟是哪些原因造成生產力低落。

最後，這家公司透過分析競爭同業，以及深入調查自家公司裡從事高生產力業務的部門，找出值得參考的案例（最佳典範，best practice）來驗證，才推敲出了解決方案。

此外，過去這家公司用由上而下的觀點進行標竿學習，無助於提振第一線人員的工作動機，所以我們重新檢討了這一點。檢討的關鍵，在於要釐清標竿學習的目的，不是找出工廠之間孰優孰劣，而是要提升所有自家工廠的生產力。因此，每個作業現場必須主動積極地投入提升生產力的活動才行。

〈導入OODA循環後〉

此時，我給這家公司的建議是：運用「PMQIR」這一套附加價值管理工具，進行勞動方式改革。只要實施這項勞動方式改革，就能讓每個人都對「無助於提升附加價值的無效業務」佔整體工作時數的比賽一目瞭然。在大多數的企業當中，處理無效業務所花的時間佔比相當高，因此這個舉動，能讓每一個有關單位的人員都對無效業務產生問題意識。如此一來，各作業現場就會主動開始思考哪些是真正有價值的業務，並主動向公司層峰說明解決無效業務橫行問題的方案，以取得層峰認可。

這家企業在工廠裡的所有部門導入PMQIR後，各部門提出的改善方案，總計預估可提高二八％的生產力。所有可即刻執行的改善，也責成各單位自即日起就開始實施。

導入PMQIR，三個月就讓生產力提高逾二〇％

PMQIR是一套附加價值管理的原理，當中把OODA循環理論拿來運用在提升生產力上。它是歸屬於「世界觀：VSA」當中的「行動方針」（A）下，是一個普遍性原理，有助於大幅提高生產力，並且持續有效。

過去，我們把這一套附加價值標竿管理的工具，導入到豐田和松下等數十家在美、日兩國最具代表性的企業，除了生產作業部門之外皆同步實施。結果，每家企業都成功地在短期內大幅提高生產力，證明這一套工具確實是有效的。

就生產力改善的實績來看，這些企業的中位數是二三％，改善績效更好的公司，甚至是在約莫三個月之內，生產力就提高了五〇％以上。

PMQIR是從附加價值的觀點，將所有業務滴水不漏地（MECE*）進行分

* Mutually Exclusive Collectively Exhaustive的縮寫，意指「彼此獨立、互無遺漏」。

類。此外，在執行PMQIR時，也會針對各組織的所有工作時數，列出提升生產力的方法。而PMQIR這個詞，其是就是取各類無效業務的字首所組成。

P（Preparation：準備）

準備工作，例如為執行作業所做的安排，或為推動其他業務所製作的資料等。

M（Move：移動）

特指人員的移動，例如為拜訪客戶所花的交通時間。

Q（Queue：停佇等待）

意指等待開始作業、尚未啟動作業的狀態，或等候處理的時間。

I（Inspection：檢查）

意指查驗、許可、確認作業或回顧檢討。

R（Redundant：重複作業）

意指重複作業或重做相同業務等。

以上是無效業務的五大類型。企業真正該著重的，是以下的「C」和「B」。

C（Customer Value added：顧客附加價值）

所謂「顧客附加價值業務」，是即使需要支付業務處理費用，顧客還是希望企業處理的業務。

B（Business Value added：事業附加價值）

「事業附加價值業務」，是企業因法令規定或社會責任，而必須辦理的業務。

將企業裡所有業務都依這樣的分類法分析，從附加價值的觀點，重新檢視業務內容，並進行根本性的改革，以提高生產力。

ＰＭＱＩＲ會將員工的日常行為分成**「能創造價值的業務」和「無法創造價值的業務」這兩大類，並以「能創造價值的業務」為優先。**無法創造價值的無效業務，有「Ｐ」（準備）、「Ｍ」（移動）、「Ｑ」（停佇等待）、「Ｉ」（檢查）、「Ｒ」（重複作業）這五大類；而能創造價值的，則是「價值獲得顧客認同的業務」（Ｃ）和「為盡社會責任所推動的業務」（Ｂ）。

經過這樣分類之後，就能看出哪些業務無法創造價值，因此企業就能立刻展開改革、改善的相關討論。換言之，基層組織（第一線人員）可望能自發性地推動改革、改善。

企業在實施ＰＭＱＩＲ之際，要先將所有業務分解成「ＰＭＱＩＲ」和「ＣＢ」，以便讓生產力視覺化。

「顧客附加價值」（C）和「事業附加價值」（B）在整體業務當中的佔比，就是所謂的「附加價值率」。除此之外的準備、移動、等待、檢查和重複作業等，從顧客的角度看來都是無效業務。大多數企業的「CB」，佔整體業務的比例會控制在三成。

根據經濟合作暨發展組織（OECD）的生產力統計（productivity statistics）資料顯示，日本的生產力偏低，不僅只有美國的六成水準，更在七大主要先進國家當中敬陪末座。

一般推測，這個現象恐怕從二戰前開始就是如此，而不是眼前一時半刻的問題。自上述這份統計資料有數據記錄的一九七〇年起，日本的生產力始終都在低檔徘徊，僅有的例外出現在一九九〇年前後，日本曾一度名列前茅。但此後排名節節敗退，所以基本上都差不多。

只檢討「勞動方式」，日本恐怕還是無法擺脫敬陪末座的命運。**因為員工生產力偏低，主要原因多半不是勞動方式的問題，而是員工所處的環境有問題。**

「漏斗管理」和「時間分配」讓待辦業務「視覺化」

這裡讓我們再來看看前一章研究過的「業績不振的業務團隊，徒具形式的業績目標管理」這個個案。其實，這家公司除了導入GPDR之外，也實施PMQIR，生產力因而突飛猛進。

以下內容或有部分重複，請容我再次說明這家企業推動改革的背景。

這家企業原本是以由上而下要求的業績目標為主軸。隨著同業的業務員之間競爭越來越激烈，層峰打算更緊迫盯人，加強對業務部門的管理。

業務員心中則是各懷鬼胎，淪為「大家各憑本事爭取業績」的業務型態，大家腦袋裡只想著要追上眼前的數字目標。更糟的是，只因為層峰要看，業務部就強制要求每位業務員仔細地撰寫報告，讓他們無法把心力專心投注在真正重要的業務活動上。業務員甚至還視彼此為敵，互揭對方的瘡疤，或結黨營私。其實這些業務員為了衝高業績數字，大家都各自設法努力，只是這些努力成了徒勞。

我的團隊在這家公司裡找了幾個營業處來當樣本，經過一番調查之後，發現公司仰賴業務員各憑本事爭取業績的業務手法，是一大弊病。過於嚴格的業績目標管理，迫使大家只顧著追眼前的數字目標，忘了該用長期經營的觀點培養忠實顧客。

因此，我請這家企業重新設定VSA，當作營業部門改革的第一步。換句話說，其實就是要公司重新檢討「業務員的行動究竟該重視什麼」。於是他們重回原點，聚焦在顧客價值上，再次確認自家企業在商業活動上的目的，就是「讓顧客感動」（※）。

※VSA是奠基在「實現『夢想願景』，營業額自然就能隨之提升」的思維上，所發展出來的世界觀。它可透過「夢想願景」（V）、「策略」（S）和「行動方針」（A）這三個「VSA」的階段，和「心理狀態與情緒感受」（M），組成「VSA＋M」來加以定義。「夢想願景」（V）是指自己或公司在五年及其以後想達到的樣貌，和對社會、對顧客的想像。「策略」（S）是為了實現

「夢想願景」，願意花三到四年時間耕耘的事，以及這些事該怎麼做的方法。「行動方針」（A）則是今後願意花一到兩年時間努力行動的方向，它也是一份指南，訂定出在各種情況下要採取什麼樣的行動。「心智模型與情緒感受」（M）的「心智模型」，是指個人腦中對某項行為的印象或既定成見；而「情緒感受」則是指心理層面的變化或狀態。

接著，我請這家公司改變做法，捨棄過去那種由經營團隊等高階主管掌控業務第一線的傳統思維。然後我又進一步提出「要不要打造『自主思考的組織』，好讓VSA一口氣加速發展？」和導入「漏斗管理」（Funnel Management）、「時間分配」（time allocation）等建議。換句話說，我認為既然時間有限，那就以漏斗管理為基礎，妥善分配時間。

所謂的漏斗管理是一套以縱軸呈現拜訪次數，以橫軸呈現客戶類型（左半部為老客戶，右半部為新客戶）的管理工具（圖4-1）。而時間分配則是則是分配時間運用的

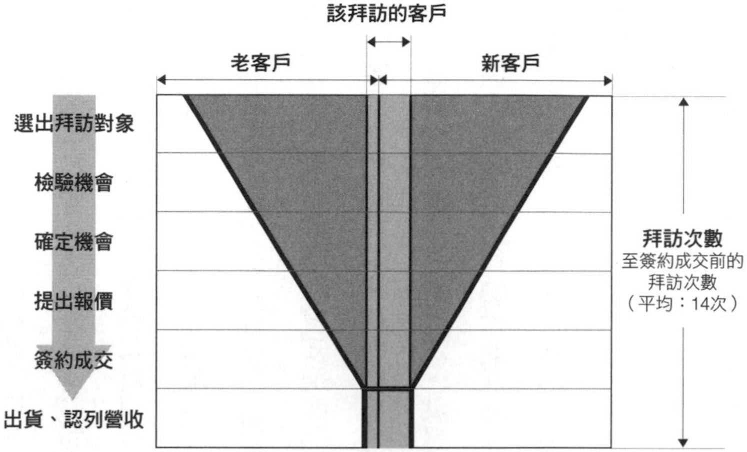

※「漏斗管理」可將業務員拜訪客戶的次數（縱軸）和花費的時間（灰色部分）「視覺化」。

圖4-1　漏斗管理

建議方案。

業務員一年的工作時數大約是將近兩千小時。那麼拜訪一次客戶大概會花多少時間呢？假設一次平均花四小時，每年最多可以拜訪五百次。如果把這些次數盡量用在成交機率高的客戶身上，營收就更有機會攀升。圖4-1是我們前面用來研究的那個個案，部門人數約有七百人。

漏斗管理可以客觀地看出業務員從決定拜訪對象、提案到簽約成交，平均需要拜訪幾次。以個案的這家公司為例，經驗上一般要拜訪十四次才能成交。因此，當拜訪超過十四次還無法成交時，就應該做個了斷。此外，在屢次拜訪客戶的過程中，客戶難免應該都會有「起初我們的確有興趣，但我們不買」的時候。透過漏斗管理，業務員就可以明白「了斷要趁早」的重要。

漏斗管理表左半部呈現的是「老顧客」，右半部則是「新顧客」。當企業想推銷新商品時，就要更著重拜訪「新顧客」，而不是「老顧客」。另外，拜訪「新顧客」幾次之後，業務員應該會知道商品究竟賣不賣得出去。這時就要排除那些態度渾沌不明的客戶，把時間投注在那些簽約機率高的客戶上。看客戶的行為，去感受後續是否還有發展的可能——換言之，就是用直覺來判斷。

個人也可以自行製作漏斗管理表。看這份圖表，就能一目瞭然而務實地明白自己現在的業務活動究竟有多少成交機會。圖中灰色部分的面積，就是拜訪客戶的總時數。

釣魚界有一句名言是「一地點、二魚餌、三佈局」，這句話也適用在業務推廣活動上。第一項重點所談的「地點」，就是去拜訪該去的地方，找那些毫無購買意願的顧客，等於是第一步就踏錯。這裡我們不談業務員推銷的商品好壞，總之就是去拜訪那些有可能下單的地方就對了。首先要考慮的是地點，接下來考慮商品是不是顧客想要的，也就是第二個重點「魚餌」。至於所謂的「佈局」，談的是生態圈，例如價格策略、公司的業務機制，和銷售通路等。

無能的業務員會把時間花在拜訪圖表左半部這些「老顧客」身上，因為他們要利用這些容易約訪的公司，來賺取拜訪次數。在個案研究的這家公司當中，以往只要業務員一直拜訪老顧客，就能達成績效指標（KPI）所要求的拜訪次數。

此外，老客戶已向個案這家公司買過大型機台，較有意願購買維修保養用的附屬商品，業務員勤走動，一定能穩紮穩打地賺點小錢。這對業務員來說，簡直就像是飲鴆止渴。而真正重要的業務活動，其實是要去扳倒競爭同業，搶下「新客戶」。

漏斗管理可釐清每位業務員的角色分配——把業務能力強，天生就有業務直覺的業務員，定位為「獵人」，專攻圖表左半部的「新客戶」；而追求腳踏實地、穩紮穩打的業務員，就定位為挖掘者，主攻「老客戶」。運用我在前一章說明過的「人事制度：GPDR」，肯定業務員的主體性，開發他們的能力，或表揚他們的貢獻，以維持業務員的工作動機，讓他們朝達成目標的方向邁進（※）。

此外，由於新手業務員難以釐清哪些客戶還有發展機會，因此在初期階段應與資深業務員一起行動，從旁學習前輩如何分辨各種客戶的發展潛力。

※「人事制度：GPDR」是由「G」（Goal Setting：VSA、目標設定）、「P」（Performance Review：績效檢討）、「D」（Development：能力開發、培養接班人）、「R」（Rewards：獎勵、晉升）這四個階段所組成。透過串聯企業的「夢想願景」（V），與員工個人的活動方向、獎勵和晉升，從OODA循環的VSA和目標設定開始做起，整頓相關環境條件，好讓員工更能落實行動。持續推動GPDR，最終將使企業組織裡的管理職大減，所有成員都能發揮領導力，形成一個扁平式的組織。

光是廢除無效業務，附加價值比例就激增十二個百分點

接著我們來看看PMQIR的具體內容。在分析過範例企業之後，我發現他們花在「顧客附加價值」（C）和「事業附加價值」（B）上的時間，僅佔總工時的三成，也就是員工把大半的時間，都花在「P」（準備）和「M」（移動）之類的無效業務上（圖4-2）。

為了更進一步分析這些無效業務的詳細內容，我們再加入「業務形態分類」這個工具，從兩個向度來進行分析（圖4-3）。所謂的業務形態分類，是由「共同作業、召集、通知、資料分享、資訊蒐集、其他」等項目組成的分類。

從這兩個向度來看，我們可以發現資訊蒐集在「P」（準備）當中佔了大宗。具體而言，過去這些業務員用了七成的工時，來製作公司內部用的文件資料。由此可知，顯然他們並沒有把時間花在開發新客戶上。還有，這家企業過於重視內部程序，當客戶洽詢時，總要等候多時才能得到回應，可見他們在制度上，並未以客戶優先為

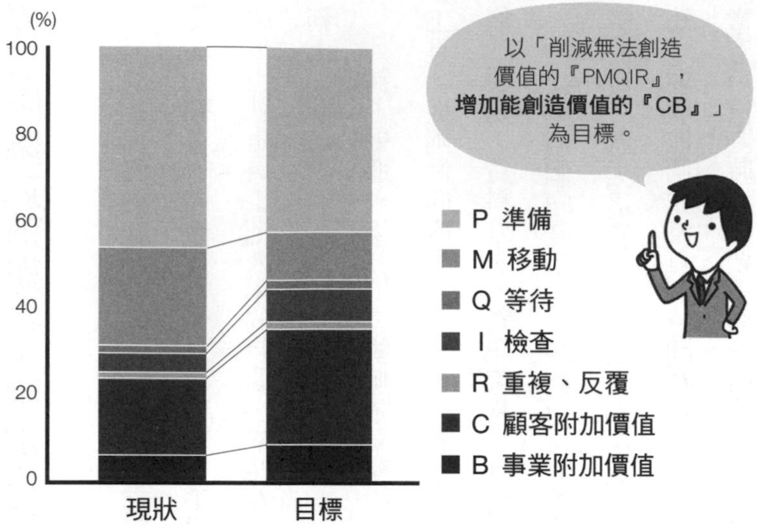

圖4-2　將PMQIR「視覺化」，以設定目標

前提，分享相關資訊。

因此，我建議這家企業提升「C」（顧客附加價值）。而要提升附加價值，就需要推動業務員的意識改革。一般來說，很多業務員都是獨行俠型的人，獨自歷經千辛萬苦，才終於學會成功的要訣。有這種背景的業務員，很排斥把自己的成功要訣傳授給其他人。

這家企業的業務員也不例外。過去他們鮮少積極分享資訊，不願讓同儕知道究竟什麼樣的客戶會對哪些產品感興趣。為了改革

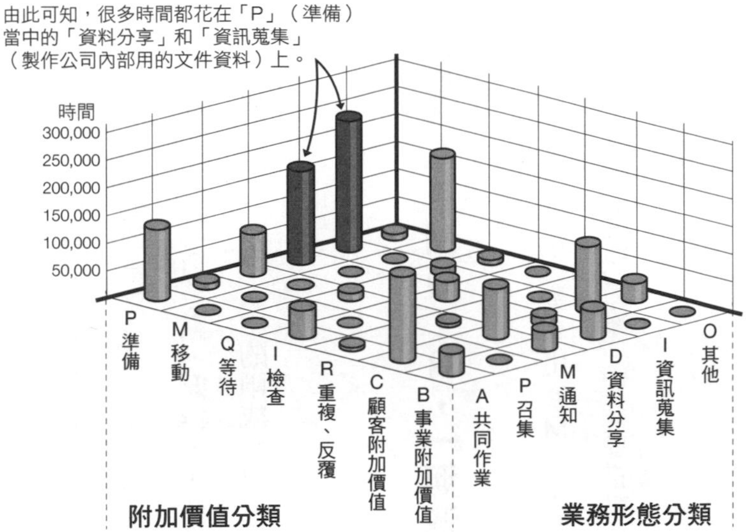

圖4-3　從「附加價值分析」和「業務型態分類」這兩個向度切入，將時間運用「視覺化」

這樣的心態，這家企業開始推動長期的知識管理（knowledge management）。

他們依客戶類型、產品類別，將業務活動的成功案例、失敗案例和提案資料進行分類，與全公司分享，並在每個領域都安排小組長，建立了彼此互助、共同推廣業務的合作機制。於此同時，為了進一步培養互助合作的風氣，公司也建立一套制度，除了表揚實際創造績效的業務員之外，也肯定提供協助的人，表揚他們所做的貢獻。

這家企業在GPDR的「P」（績效檢討）當中，也很強調員工對知識管理配合度。經過這樣的改革之後，公司的附加價值率在三個月之內，就從二五％上升到三七％，提高了十二百分點（圖4-4）；此外，由於總工時縮短了約二〇％，讓總計一四〇人次的員工（七百人中的兩成）得以投入新事業。

只要導入PMQIR，「無效業務」一目瞭然

回顧過往在各企業套用PMQIR的案例，有些可以是在多數企業通用，而且可以立即執行的解決方案。究竟要推動什麼樣的改革，才能提振生產力？以下為各位介紹幾個的具體的例子。

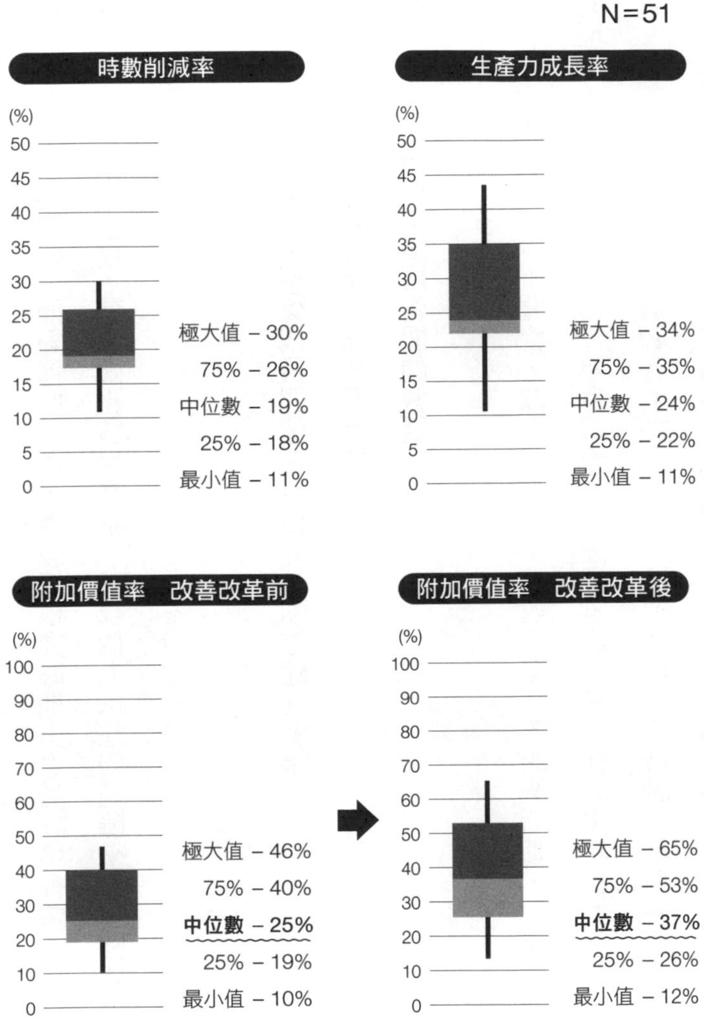

「附加價值率」竟然提升了12%！

圖4-4　PMQIR的運用成果

「P」最具代表性的例子之一，就是為了和公司內部相關人員共享資訊，而製作、準備的會議資料。面對這些工作，應該追根究底地去思考該場會議本身是否真能創造價值，如果不行，就要廢止該場會議。就我個人以往的經驗來看，會議可分為以下三大類：

1 以建立企業組織成員間信任為目的的團隊建立會議

2 為報告或分享資訊所召開的會議

3 為做出決策所召開的會議

第一類其實可以不開會，改以舉辦員工旅遊或尾牙等康樂活動，加深員工對彼此的理解，效果會更好；第二類會議也只要運用資訊工具，在必要時視需要互相分享即可。說穿了，真正能創造顧客附加價值或事業附加價值的會議，就只有第三類。

「M」（移動）是指因拜訪客戶或出席會議的交通移動。業務員可運用漏斗管理，停止拜訪成交無望的客戶，或以視訊出席會議。

而「Q」（停佇等待）的部分，原因出在作業延宕。所以員工要學會排除延宕，嚴格遵守規定時間，不讓他人磋跎空等，更要重視相關資訊的預先分享。

屬於「I」（檢查）的，包括作業完成後的檢核與確認。至於究竟要從什麼樣的觀點來檢核，應於事前列出清單，並預先準備。

「R」（重複作業）來自於再三查驗或反覆檢查之類的業務。此類業務應重新檢討查驗方法，看是否能一次就完成所有查驗。

要推動「勞動方式改革」，就該導入PMQIR和GPDR

目前很多企業都在推動「勞動方式改革」。這項改革的目的是「透過勞動方式的改革來提高生產力，進而落實工作與生活的平衡」。大多數企業祭出的措施，除了限制加班時間之外，還會「運用資訊科技，讓員工不論身在何處都能工作」。

然而，過去所做的這些「勞動方式改革」，或傳統所謂的業務改革，有以下這些缺點：

- 被列為改革對象的組織，究竟能提高多少生產力？這一點難以全盤掌握。
- 企業以企管顧問所提供的業務分析為基礎，規劃內部的業務後，第一線員工認為自己是「出於無奈，被迫配合」的感覺只會越來越強烈，還會抗議公司不尊重他們的主體性。此外，在導入應有的業務流程方面，也因為權責不明，而無法保證能否落實。
- 大多數都是一次性的改革，做完就告終，「持續推動改善」的文化不會紮根。

當今社會在推行勞動方式改革之後，固然讓加班時數降低，公司的人事成本也得以撙節。於此同時，卻也產生了員工實領薪資大幅縮水的弊病，形成一大問題。相對的，導入PMQIR和GPDR的企業，則因為PMQIR提高了企業生產力，帶動了員工加薪。

企業要調整運作機制，讓改善不僅在推動改革時有效，而是在改革專案過後，員工仍能持續進行改善。而從PMQIR的概念出發，把時間優先花在提升附加價值上，最能有效讓改善延續。此外，還要再運用GPDR，以附加價值為檢核主軸，進行績效檢討。實施上述這兩套管理手法的所有企業，生產力都迅速提升，甚至有些推行十年的企業，生產力較原先成長了十倍以上。

第5章

企業組織的十二大症狀，與企業組織運用OODA循環的成功原則

OODA循環，能把有以下症狀的企業組織，改造成新世代型的「充滿期待的組織」

● 透過「觀察：Observe」來解決

1. 員工滿腦子只想著如何模仿其他公司或因循前例

● 透過「了解：Orient」來解決

2. 花在計劃擬訂、文件製作、簽呈核報、核決等作業的時間太多。

3. 扣分式的考核文化，再加上完美主義主宰一切，第一線基層不管處理什麼業務都異常耗時。

4. 看不到企業組織想追求的樣貌或「夢想願景」，就算已有設定，內容也過於抽象，無法打動人心。

5. 一味注重表面檢核，忘了策略和計劃的目的。
6. 員工因為對內業務而忙得焦頭爛額。
7. 員工只顧著看風向揣測上意。
8. 企業組織裡充斥著只求自保的「坐等指示族」。
9. 員工只求自己能拿到好考績，助長自私自利的風潮興起，優秀的年輕員工因為看不到夢想，紛紛辭職求去。

● 透過「決策：Decide」來解決

10. 企業組織在資訊蒐集或分析上耗費大把時間，遲遲無法做出決策。

● 透過「行動：Act」來解決

11. 企業組織裡充斥著紙上談兵或內部會議，經營團隊和第一線同仁各懷鬼胎，業務部等直接接觸客戶的部門，與研發部門對立。

● 透過「檢討／推估：Loop」來解決

12. 員工總是消極地追究責任

企業組織的問題，都能用OODA循環來解決！

本章我要介紹的，是用OODA循環的十二個組織成功原則，解決企業組織十二種典型症狀的案例。

這些成功原則，是用約翰．博伊德參考過的典籍，包括宮本武藏的《五輪書》、孫武的《孫子兵法》、克勞塞維茲的《戰爭論》，和湯瑪斯．克里瑞（Thomas Cleary）的《日本的兵法》等，對應企業組織的各種症狀，所擬訂出來的一套原則。

導入OODA循環，能打造出一個環境，讓企業組織裡的每一個人認清事物的本質（真實世界的現實），並自主採取行動。而為了實現「夢想願景」（這裡指的是

「讓顧客感動」），每位成員也都要學會如何自行判斷。

在本章當中，我要介紹企業組織所患的典型症狀，並透過案例來說明ＯＯＤＡ循環的組織成功原則。藉由這些說明，期盼能幫助各位讀者發現自家公司的問題，進而找出解決之道。

企業組織症狀一

是否滿腦子只想著如何模仿其他公司或因循前例？

成功原則一「觀察：認知原則」

認清事物的本質（真實世界的現實），發現趨勢的變化。

電腦製造商的案例

這家企業在某些特用領域是市佔率第一名。以往的業務型態，是以銷售伺服器給客戶為主流。

〈導入OODA循環前〉

自二〇〇〇年代後半起，一些原本在網路上提供運算處理服務的雲端運算廠商，以新人之姿，從其他業界跨入了這家電腦製造商的主要事業領域。

這個動作，讓這家製造商在電腦設備銷售事業上的營收與獲利持續衰退——因為這家廠商既往的銷售模式，是客戶買硬體回去後，自己設法使用，所以他們能想到的，就只有讓客戶多用自家硬體而已。

這家廠商既往那一套以銷售電腦產品為主的行銷策略，已經到了該重新檢討的時候。然而，他們的視線範圍裡，就只看得到競爭同業和自家公司的前例。平心而論，這家公司的確是該往雲端型的產品做轉型，卻抓不到一個合適的契機。於是商品企劃部門的主管義無反顧，決定導入OODA循環。

〈導入OODA循環後〉

要發展雲端服務事業，就必須深入了解客戶在事業上的課題，才能為客戶提案，所以掌握顧客的需求，就成了這家廠商的首要課題。他們建立了一套團隊體制，依不同產業區隔，挑選幾家龍頭企業作為一號瓶客戶（重點客戶），直接抓住客戶需求，率先開發相關服務，再推廣到其他客戶。

企業組織症狀二

是否只對內設定績效指標（KPI），實施PDCA，就想看到成效？是否已做了足以打動顧客的工作？

成功原則二　「了解：世界觀原則」

為避免看不清事物的本質（真實世界的現實），應先了解對方的世界觀，並據此建立自己的世界觀。

產業用機械製造商的案例

這個案例要介紹的是一家老牌企業，於二戰後創業，後來隨著規模日益壯大，陸續收購了同業在日本國內的兩座工廠，如今在日本有五處生產據點，海外則有三處。以往，這家公司因為要壯大事業版圖，爭取服務更多元的需求，因此奉行少量多樣的生產政策。進來，由於新興國家的競爭者推出廉價產品，引發了價格崩跌。各廠區除了人手不足之外，還要面對「提升派遣員工、計時人員的工作動機」，以及「強化生產線的改善力」等課題。

〈導入OODA循環前〉

這家老牌企業的生產據點，包括國內與國外工廠，還有國內那些收購來的工廠和其他生產據點，彼此之間的交流都很有限。在生產力、品質和製造前置時間方面，都還有改善空間。

收購來的那些工廠，在納入老牌企業麾下之後，一直都是獨立運作。這兩處收購來的工廠，已實施數值目標管理制度，全體人員都致力追求目標的達成。然而，在這些員工心中，同時也還留有「被收購」的受害者意識。因此，當總公司管理部門或業務部、事業部提出生產需求或成本撙節的指示時，這兩座工廠的人員總有一種「無可奈何只好做」的被動心態，缺乏主動改善的意識。

在產品價格競爭日趨激烈的市況下，改革已是刻不容緩。於是，生產部門的主管臨危受命，接下了改革指揮官的職務。

〈導入OODA循環後〉

生產部門的主管發現，改善各部門與第一線基層之間的信任，才是當務之急。因此，他決定以「了解：世界觀原則」為基礎，導入VSA，以期打造一個內勤與現場人員相互理解，對夢想也有共識的組織團隊。

全公司都對VSA有共識的企業，就會培養出持續成長的能力。如今，這家企業擬訂以「成為社會不可或缺的要角」為「夢想願景」，全公司上下齊心投入努力。

企業組織症狀三

是否以工作內容完美無瑕為優先考量，把時間放在其次？

成功原則三 「敏捷：不完美原則」

企業為了盡早推出服務，要懂得拿捏「完美」和「時間」的平衡，以便在最佳時機採取行動——說「敏捷開發」（Agile Development）應該會比較容易理解。

所謂的敏捷開發，就是為了更迅速地研發資訊系統，用小單位讓資訊系統安裝上線，接受使用者檢驗批評後，再反覆操作這個流程，以推動系統研發的方法。相較於過去在開發時，要先設計好整體的功能，再依計劃內容研發和安裝上線，敏捷開發能大幅縮短研發所需要的時間。

高科技儀器製造商的案例

這家企業過去都是以閉門造車的方式來開發產品，直到二〇〇〇年左右時，還有能力技術授權給國外廠商。可是，他們忽略了全球技術發展的動向。晚近投入這個市場的新競爭者，系統架構和這家企業既有的商品完全不同，還用了可低價取得的裝置，推出了讓客戶大感興趣的產品。

研發部門的一群工程師，深感有必要重新檢討既往的研發體制，而經營團隊也痛下決心，要研發出讓公司起死回生的新產品，並推動相關的改革措施。

〈導入OODA循環前〉

過去，研發部門總是為了公司內部需求的工作而忙得焦頭爛額，對推出新產品顯得被動保守，跟不上對手的腳步。

〈導入OODA循環後〉

這家企業運用「敏捷：不完美原則」，著手打造一套新的機制，好讓新產品能盡快出貨。他們調整了既往的做法，追求快推出、快失敗，在短期之內不斷嘗試錯誤，以找出通往成功的途徑。

為了提升產品在整個生命週期的獲利，較具市場影響力的產品，他們會以「搶在競爭同業之先」為目標。

因此，他們原本預計有四項產品要同時投入市場，後來改將研發資源集中投資在兩項產品上，打算搶先同業上市，一舉攻下市佔率大餅。

此舉立刻奏效，兩項新商品都搶下了絕對多數的市佔率。緊接在這兩項搶先同業推出的產品之後，這家企業又觀察市場和基礎技術的研發動向，將研發資源投入在第一號商品的二代品，以及第三號商品的全新商品研發上。第一號商品的二代品因領先同業，在市場上取得了市佔率的絕對優勢。

此外，第三號商品因為趕上與競爭者同時推出，表現也不俗。而受到這幾波攻勢的影響，第四號商品在原本預計搶攻的市場上，表現不敵其他同業。但整體而言，這家企業還是取得了市佔率的絕對多數。

企業組織症狀四

企業或個人想成就什麼樣的世界？這個目的是否渾沌不明？全體員工是否已對「夢想願景」達成共識、感同身受，並產生共鳴？

成功原則四「夢想願景：效能作戰原則」

企業裡的每一個人，都要以自己想成就的世界、想成為的樣子，也就是要以「夢想願景」為出發點來行動。

矽谷常說「outcome」，每家企業都採取「重視結果」型的管理手法。在團隊中凝聚共識，並不是「夢想願景」唯一的目的。把「夢想願景」當作出發點，就能找出有效的策略和行動。

科技新創企業的案例（在第二章當中曾介紹過的案例）

接下來是一家剛起步幾年的公司，提供電子商務的聚合（aggregation）服務。一手創辦這家企業的董事長，自行開發了這項整合服務的核心引擎，之後便以此為基礎，開始發展自己的事業。公司沒有接受任何外部注資，只用自有資金擴展事業版圖。董事長御駕親征，不眠不休地努力工作，才讓公司勉強保住些許獲利。

〈導入OODA循環前〉

董事長對公司的大小事都親力親為，努力打拚，但員工就是來來去去，離職率一直都維持在三〇％以上。

〈導入OODA循環後〉

這家企業根據「夢想願景：效能作戰原則」，推動改革，期能讓員工都以「提升附加價值」為目標，採取各項行動，並以「夢想願景」來勾勒出公司具體的未來樣貌。此外，這家企業還讓員工彼此分享，談自己的工作為顧客帶來了多少感動，凝聚大家對夢想的共識。

還有，這家公司以往總會擬訂鉅細靡遺的計畫，卻因為無法預測市場走向，而成了白做工，所以後來便決定不再擬訂過於詳細的計劃。

不僅如此，這家公司還設定了一些績效指標（KPI），其中也包含量測事業狀況用的頁面瀏覽次數（PV）等。而這些數值，都開放全體員工瀏覽。讓員工得以在行動的同時，時時確認KPI進度。

推動改革的結果，讓這家公司的離職率降到趨近於零。

企業組織症狀五

公司是否要求員工不論在任何情況下，都必須依標準作業流程行動？員工是否受制於花很多時間擬訂的計劃，或受高層主導編訂的行動指南、程序或計劃束縛，而忽略了行動原本的目的？

成功原則五　「策略：跳脫形式、跳脫有名無實原則」

要以「夢想願景」為出發點，轉換企業組織的策略，而且要一直轉換策略（手段），直到看到效果為止。

企業要跳脫策略有名無實、徒留程序的的狀態，找出新的成功策略。員工不應受到有名無實的成見所囿限，要拚命地思考每天該如何做出成果，並隨時留意顧客的反應，進而拿出成果。

研發的推動，不應停留在傳統的「瀑布型」，而是要採取「原型」手法，儘早發佈試用版。

首先要從所有客戶當中，挑選出幾家「一號瓶客戶」（重點客戶）。接著發佈試用版產品，觀察這些重點客戶的反應，同時也向市場宣傳。

此外，在專利策略上，讓專利發展成公司事業，應比取得專利更優先。企業要以「顧客的感動」為出發點，加快決策、判斷的腳步。

這一套「策略：跳脫形式、跳脫有名無實原則」，其實與宮本武藏《五輪書》水之卷當中「有構無構*」的概念相符。「有構無構」是在談武士拿劍時，「有沒有固定備戰招式」的討論。宮本武藏的說法是：「備戰招式會隨當下情況而有所不同」。《孫子兵法》〈兵勢篇二〉當中的「凡戰者，以正合，以奇勝」，其實也有同樣的意涵。換言之，就是要先有正面交鋒的戰法，才能出奇招。而策略也需視對手的動向隨機應變，調整「重心」。

汽車製造商的案例

在汽車業界當中，為了撙節日益高漲的研發、生產成本，各家廠商無不重視規模經濟，推動零件共通化。於是只要一個零件有瑕疵，就可能會引發大規模的召修問題。

而案例的這一家製造商，幾年前也曾發生過召修數百萬輛汽車的問題，導致公司陷入危機。因此品保部門的主管，便重新檢討了自家的公關應對策略。

〈導入OODA循環前〉

這是一個在面對問題時，運用OODA循環來尋求解決的案例。由於以往發生召修問題時，這家公司一心只想證明「不是我們的責任」，當時在相關廠商、人員彼此心中留下了心結，所以現在已經深諳「事前因應」的重要性。

＊「有構無構」在字面上的涵義是「即使有招，也如無招」，意指不必拘泥拿劍時一定要擺出什麼招式，要視地點、形勢等因素，靈活調整招式，做好迎戰的心理準備，才是關鍵。

〈導入OODA循環後〉

這家企業根據「策略：跳脫形式、跳脫有名無實原則」，重新檢討了公關應對策略。公關因應只要稍有拖延，媒體就會窮追猛打，公司的負面印象便會深植人心。因此，我們請了公關部門的主管出面協助。

花太多時間與媒體打消耗戰，只會對公司造成負面影響。這家公司改變了早已有名無實的傳統公關做法，改視情況採取最有效的辦法。他們導入了新的資訊發佈機制，遇有問題時便先發制人，直接透過多個社群媒體，向顧客傳達必要的資訊，跳脫了傳統的公關形式。他們靈活地運用社群媒體，來當作自家企業對外的溝通工具。

企業組織症狀六

員工是否為了對內工作忙得焦頭爛額，忽略了附加價值的提升？

成功原則六　「行動方針：提升價值，排除浪費原則」

所謂的行動方針，其實就是策略的具體落實方案，也就是用附加價值的觀點，自主地做出判斷，採取行動。反過來說，其實就是要排除與「夢想願景不相關的業務」。

高科技製造商的案例（在第三、第四章介紹過的業績低迷企業）

〈導入OODA循環後〉

這家企業根據「行動方針：提升價值，排除浪費原則」，調查業務員把多少時間花在「提升顧客附加價值」上，結果發現竟然不到總工時的三成。也就是他們把超過七成的時間，都花在無法創造價值的業務上，例如拜訪那些容易約訪的現有客戶，問客戶想買什麼，或是製作公司內部需要的文件等。很多現有客戶顯然已很難期待再有新的業績貢獻，業務員卻還在浪費時間拜訪這些客戶。於是這家企業導入了「漏斗管理」（第一九四頁），讓業務員停止再去拜訪那些下單無望的客戶，並打造了一個機制，讓業務員認清哪些是有機會下單的新客戶，安排上門拜訪。

企業組織症狀七

員工是否必須時時看風向揣測上意，忽略了「讓顧客感動」這個目標？

成功原則七　「心態、情緒感受：跳脫既定成見原則」

在「讓顧客感動」的同時，要更新自己的「心智模型（既定成見）與情緒感受」，以實現「夢想願景」。

電腦製造商的案例（同「症狀一」（第二一六頁）的企業）

〈導入OODA循環後〉

本來，這家公司即使和那些晚近才投入市場的雲端服務企業同場較勁，也感動不了客戶。為了爭取客戶的感動，這家企業決定透過雲端服務，提供自家公司的技術，以幫助客戶改革，落實事業規劃。

這家企業根據「心態、情緒感受：跳脫既定成見原則」，用新穎的想法，提報了一些能讓客戶感動的提案。以往這家企業用的是「正面表列式」的管理，也就是只列出「可以做的事」」，後來改用「負面表列式管理」（只列出不能做的事），營造出了一個孕育自由創意的環境。

企業組織症狀八

公司裡是否充斥著坐等指示的員工？考核制度是否讓員工只求自己能拿到好考績，助長自私自利的風潮興起？

成功原則八「主體性：分散自治原則」

為打造出一個人人都能發揮主體性的分散自治組織，要讓每位員工都懂得根據「夢想願景」，自行決策。

科技新創企業的案例（同「症狀四」（第二二五頁）的企業）

〈導入OODA循環後〉

這家公司的策略和辦事程序等大小事，原本都由董事長親自操刀決定，後來便改交由其他員工處理。公司根據「主體性：分散自治原則」，請員工找出公司目前面對的問題，並提報解決方案。此舉揭示了公司追求的方向性，就是要邁向全員參與式的自治經營。

結果，公司接受員工提議，推動了以下這些改革：

- 在全體員工一致建議下，重新檢討員工的勞動型態。公司還與網路環境完善的衛星辦公室租賃業者簽約合作，讓每位員工都能選擇在自己喜歡的地點上班。
- 搬遷到新辦公室，並且由員工自行規劃舒適合宜的辦公室空間配置。
- 推行「工作知識」與「嘗試錯誤經驗」分享活動，讓資深員工在講習會上擔任指導員，指導後進。

這些活動，都是在打造員工互助的機制與風氣。此外，這家企業也以VSA為基礎，重新調整考核制度，加入了以績效表現和領導力為兩大主軸的「圓桌考核」（第一六九頁）

企業組織症狀九

員工之間是否興起一股「只要我考績拿高分就好」的自私風氣？

成功原則九　「團隊：人我不分離原則」

維繫第一線基層與經營團隊或管理職之間的信任，以及每位員工的彼此互助，至關重要。此外，為避免員工之間互相猜忌，主管和部屬之間需分享資訊，消除資訊不對稱。員工甚至還要進一步提醒自己，彼此之間的對話要開誠佈公、坦白無欺，這一點也很重要。

為了改變企業組織，培養互助的風氣，還要在組織裡推行知識管理或一對一面談。

這一項「團隊：人我不分離原則」，正好呼應了《孫子兵法》〈計篇 一〉當中所談的「道」。

道者，令民于上同意者也，可與之死，可與之生，民不詭也。

〈白話譯文〉所謂的道，是指君王讓人民與己同心的「政治樣貌」，如此則人民可與君王生死與共而不疑。

《新訂　孫子》金谷治譯註，二〇〇〇年

企業組織症狀十

公司是否在資訊蒐集或分析上耗費大把時間，遲遲無法做出決策，或錯失良機？

成功原則十 「決策：直覺原則」

敏捷地行動，能降低大腦的葡萄糖消耗量，讓大腦有餘力進行分析式決策，甚至是發揮直覺力。

長時間專注在工作上，會增加葡萄糖的消耗量，造成大腦疲倦。此外，根據最新的腦科學研究指出，人類若想更有效率地運用大腦，就要刻意安排一些「不專注」的時間。所謂的「不專注」，就是在有事發生時，大腦可以瞬間反應的狀態，也就是「大腦放鬆的狀態」。

了解大腦專注和非專注的效果，並掌握工作和放鬆的節奏，至關重要。一味專注眼前的事物，恐將疏忽周圍的巨變。積極安排一些讓自己走出專注狀態的時間，例如瞑想、正念療法、休息放鬆等，以提高包括直覺力在內的判斷力。

高科技儀器製造商的案例（同「症狀三」（第二二三頁）的企業）

〈導入OODA循環前〉

這家企業原本以邏輯思考來做決策的手法，已經走到了極限。

〈導入OODA循環後〉

這家企業根據「決策：直覺原則」，選用了「設計思考」的概念，以期能開發出讓客戶感動的商品。同時，他們也開始著重人類特有的感性和直覺。

特別值得一提的是，這家企業重新檢討了為工程師開發職能的方法，導入了長期的人力資本培育制度，希望讓員工能擁有更敏銳的直覺力。而在產品設計和軟體設計方面，要先熟練基本操作，才能培養出直覺力。因此，這家企業分階段定義出從新手到精通者（高手）等各種職能模式，並準備了不同階段用的培訓課表。

產業用機械製造商的案例（同「症狀二」（第二一九頁）的企業）

〈導入OODA循環前〉

這家企業當時的問題，是各項業務都用操作手冊來進行標準化。收購而來的那兩座工場，在納入旗下之後，公司認為有必要提升它們的生產技術水準，便將日本國內母工廠（Mother Factory）的生產技術移植過去。當時就是指導這兩家工廠都要編寫生產方式的操作手冊，一切皆依操作手冊為準。於是這兩座工廠的技術水準，都在短時間之內直追母工廠。

然而，儘管在形式上的程序已開始標準化，卻打擊了基層工程師原本願意自主思考的心態。

再加上總公司採取由上而下的管控，傷害了基層，使得多數員工都成了仰賴主管決策或依附上位組織的「坐等指示族」。前例主義、照章辦事的邏輯和數據資料，在基層大行其道。

〈導入OODA循環後〉

這家企業融入了「決策：直覺原則」的思維，並重新體認到「用直覺去感受產品是否有瑕疵」的重要性。

在職務上，這家企業導入了「大師」制度。所謂的「大師」，就是生產技術的精通者（高手）。公司把這樣的專業技術人員奉為「大師」，安排出任董事級的職務，還請「大師」負責將自己的一身技術傳承給後進。

獲公司任命的首任「大師」，上任後旋即動手改善這種凡事只以操作手冊為依歸的基層意識，結果成功打造了「透過鍛鍊培養直覺」的文化。

企業組織症狀十一

公司裡是否充斥著紙上談兵或內部會議，經營團隊和第一線同仁各懷鬼胎？業務部等直接接觸客戶的部門，是否與研發部門對立？是否只要一發生標準作業流程上沒規範的事，就令人躊躇猶豫，不敢行動？

成功原則十一　「行動：驗證、鍛鍊原則」

員工要實際到實務第一線，驗證各種假設，並從中學習，為自己培養實力，以達到可憑直覺判斷的高手水準。

產業用機械製造商的案例（同「症狀二」（第二一九頁）的企業）

〈導入OODA循環前〉

在生產活動當中，有些事項員工雖能了解箇中道理，卻總是學不會、記不牢。

〈導入OODA循環後〉

在這個案例當中，我們運用了「行動：驗證、鍛鍊原則」。為了在生產技術上與其他競爭同業做出區隔，便讓員工實際在工作第一線鍛鍊，以提升技術能力，傳承精通者身上那些操作手冊教不來的技術。

此外，這家公司也開始和全體員工分享內部成功提高生產力的各項措施。過去其實他們也會透過發表會的形式，分享這些努力的成果，而今後則是不管有沒有發表會，都會盡快與員工分享提高生產力的成功或失敗案例。

企業裡若缺乏互助的文化，就無法分享經驗與知識。這家企業過去採行由上而下的管理，造就出垂直式組織，每個人把自己辛苦得來的經驗當作寶貴的財產。員工為求能在組織中晉升，便深信這些經驗要好好保留，不能外傳。

於是，這家企業在領導力的考核項目當中，新增了「肯定參與互助活動者」這個項目，以促進知識與經驗的共享。

還有，這家企業開設了一個知識管理的內部網站，供內部人員互相徵求、分享資訊。這個網站上設有給提供協助者的「讚」按鈕，透過按「讚」數量將員工互助活動的推展狀況視覺化。

企業組織症狀十二

公司是否只要一回顧過往，就老是要反省那些沒做好的事，陷入負面思考？是否一直執著於計劃？是否總是消極地追究責任？

成功原則十二　「檢討：雙環學習原則」

企業在執行策略後，要檢驗執行結果，若不如預期，就要以「夢想願景」為軸心腳（pivot），重新檢討策略——這就是所謂的「回饋」。固守原訂計劃，策略一旦定案後就不肯改變，只會離成功越來越遠。企業要以「夢想願景」為軸心腳，不斷調整方向、修正軌道，並持續檢討策略。此外，還要留意一點，那就是直到確定能成功之前，都別下太大的賭注。

在雙環學習的概念當中，企業要依循「夢想願景」（世界觀）操作OODA循環，並努力落實執行。但另一方面，企業也要透過雙環學習來進行檢討，其對象也包括「夢想願景」。

高科技儀器製造商的案例（同「症狀三」（第二二二頁）的企業）

〈導入OODA循環前〉

這家企業在推動改革一段時間後，回顧了過往努力的成果，也看到了當前的課題

——那就是「輕視學習」的風氣依舊根深柢固。

近來這家企業一直努力轉型為「分散式自治組織」。舉例來說，推動授權給業務或客服等直接接觸客戶的實務第一線，讓他們能站在客戶的觀點，盡早採取行動。

然而，公司裡有一位主管，依舊不改以往那種由上而下，對部屬發號施令的「心智模型」。只要基層應對客戶稍有不當，就對員工究責、出言恫嚇。其實這位主管以往的作為也曾引發問題，當時是以調職的方式，讓他為事情負了責任。沒想到他迅速重回實務第一線，又犯了同樣的過錯。

〈導入OODA循環後〉

在發現問題之後，這家企業決定導入「雙環學習」，重新檢討包括適材適用、信賞必罰、認知與策略的偏誤，以及「夢想願景」等項目。

對於那些在公司轉型為「分散式自治組織」後，還不能適應的主管，除了請他們參加ＯＯＤＡ循環的講習課程之外，也安排轉調到其他部門（生產管理部門），讓他們無從再犯同樣的過錯。

後來，由於這家企業搶先同業推出的一系列新商品，都成功步上了軌道，因此公司便決定全面實施ＯＯＤＡ。

以上這十二項原則，皆非單獨成立，而是以「與多個相關的成功法則合併運用」為前提。換句話說，每個個案都有最適合自己的多元運用組合。

結語　用ＯＯＤＡ循環，蛻變為「持續思考的組織」

理論都是不完整的，也不可能完整。約翰．博伊德告誡我們，別把ＯＯＤＡ循環奉為聖經或教義。他建議我們要從各種領域學習自己感興趣的觀念，再發展出自己的思維想法。

博伊德所學習的日本兵法當中，有一個共通點，那就是「持續自主思考」。宮本武藏在《五輪書》當中說過：「別把這本書上所寫的內容，當作是記錄或心得，只是看過就算，也不要只是熟悉它、模仿它。要設身處地，運用慧心巧思，從中找出真正對自己有益之處。」（水之卷／鎌田茂雄譯，講談社學術文庫，一九八六年）。

小笠原流承襲鎌倉時代的武家思想，也曾奉侍歷代德川家將軍，自古即為教授射御禮法的主要流派。他們也很重視自主思考、自行融會貫通，後來還成了武士道思想的根源。

同樣的，博伊德也並沒有要大家把ＯＯＤＡ循環當作金科玉律，固守到永遠，而是建議每個人先了解ＯＯＤＡ循環的本質，再把這一套概念內化成自己的知識，並隨著時代或環境變遷，做出每個當下該有的因應。

世上充斥著許多知識秘竅或技術的理論。然而，光是讀這些傳授知識秘竅的書籍，恐怕會讓我們對事物徒具形式上的理解，而忽略了它們的本質。重要的是，就算我們參考這些理論、書籍，最後也必須懂得自主思考、學習，以促進自己的成長。

我曾在矽谷工作。在和日本幾家指標企業往來的過程中，我逐漸確信：ＯＯＤＡ循環將在重振日本榮景的過程中，扮演相當吃重的角色。而我也認為改變企業組織的文化，是邁向成長的最短捷徑，於是才轉行發展OODA循環的顧問諮詢服務。

在讀過約翰．博伊德留下來的發表資料、演講記錄和論文，看過他參考的文獻，並熟讀他的同事及同領域專家所寫的書籍後，我總算了解博伊德究竟是在什麼樣的思維概念下，發展出OODA循環這一套理論——博伊德鑽研過在鎌倉時代（一一八五—一三三三）出現的日本兵法，並受到很深的影響，當中也包括了宮本武藏的《五輪書》。而他也注意到日本的豐田式生產，並在美軍所舉辦的工作坊活動中，熱烈地討論相關議題。

另一方面，人稱「豐田式生產之父」的大野耐一，據說也很熱衷於研究宮本武藏等人所主張的日本兵法。

換言之，從OODA循環到豐田式生產，其實都受到了日本兵法的影響。

如今，OODA循環顛覆了全球的軍事策略，甚至還運用到了商業、政治領域上，足見它是個能套用在各種領域的一般理論。目前，在軍事領域上，已根據OODA循環，開發出新世代的戰鬥機，並以著手研究適用機器人科技與人工智慧（AI）的機器OODA循環；而在美國的人工智慧開發方面，也已開始運用OODA循環。

本書中介紹了適用於企業組織的OODA循環。它是一套策略理論，幫助企業因應各種不斷瞬息萬變的狀況。

個人要懷抱自己的世界觀，企業組織則要讓全體員工對世界觀有共識，並視狀況隨時更新，同時還要找出「對方（顧客或競爭同業）的想法」，決定自己要把對方的心態帶向什麼樣的狀態，再採取行動。讓企業組織裡的成員都學會這樣的手法，主動採取行動，企業就能蛻變成現代商場上不可或缺、令人充滿期待的那種「當機立斷的組織」。

本書出版之際，承蒙祖上福蔭，還有家人、客戶、前輩賢達、顧問業的合夥人與員工，以及FOREST出版的各位同仁，包括負責本書內文編排規劃的松井克明先生、企劃和協助編輯的貝瀨裕一先生等各界人士的鼎力協助與指導。謹此致上我由衷的感謝。

衷心期盼本書能為各位的組織改革助一臂之力，進而為重振日本榮景做出貢獻。

二〇一八年一〇月　入江仁之

※執筆寫作本書之際，參考、引用的文獻多達數百本。因篇幅有限，謹將參考文獻出處刊載於以下網頁，敬祈各位參酌。

http://iandco.jp/ooda/management/

BW0745

OODA
面對突發狀況40秒迅速做出決策

原　書　名／「すぐ決まる組織」のつくり方——OODAマネジメント
作　　　者／入江仁之
譯　　　者／張嘉芬
企 畫 選 書／鄭凱達
責 任 編 輯／劉芸
版　　　權／黃淑敏、翁靜如、林心紅、吳亭儀、邱珮芸
行 銷 業 務／莊英傑、周佑潔、王瑜

國家圖書館出版品預行編目（CIP）資料

OODA：面對突發狀況40秒迅速做出決策／入江仁之著；張嘉芬譯. -- 初版. -- 臺北市：商周出版：家庭傳媒城邦分公司發行, 2020.06
面；　公分
譯自：「すぐ決まる組織」のつくり方——OODAマネジメント
ISBN 978-986-477-855-3（平裝）
1. 企業管理
494　　　109007345

總　編　輯／陳美靜
總　經　理／彭之琬
事業群總經理／黃淑貞
發　行　人／何飛鵬
法 律 顧 問／台英國際商務法律事務所　羅明通律師
出　　　版／商周出版
臺北市104民生東路二段141號9樓
電話：(02) 2500-7008　傳真：(02) 2500-7759
E-mail: bwp.service @ cite.com.tw
發　　　行／英屬蓋曼群島商家庭傳媒股份有限公司　城邦分公司
臺北市104民生東路二段141號2樓
讀者服務專線：0800-020-299　24小時傳真服務：(02) 2517-0999
讀者服務信箱E-mail: cs@cite.com.tw
劃撥帳號：19833503　戶名：英屬蓋曼群島商家庭傳媒股份有限公司城邦分公司
訂 購 服 務／書虫股份有限公司客服專線：(02) 2500-7718；2500-7719
服務時間：週一至週五上午09:30-12:00；下午13:30-17:00
24小時傳真專線：(02) 2500-1990；2500-1991
劃撥帳號：19863813　戶名：書虫股份有限公司
E-mail: service@readingclub.com.tw
香港發行所／城邦（香港）出版集團有限公司
香港灣仔駱克道193號東超商業中心1樓
電話：(852) 2508-6231　傳真：(852) 2578-9337
馬新發行所／城邦（馬新）出版集團
Cite (M) Sdn. Bhd.
41, Jalan Radin Anum, Bandar Baru Sri Petaling, 57000 Kuala Lumpur, Malaysia.
電話：(603) 9057-8822　傳真：(603) 9057-6622　E-mail: cite@cite.com.my

封 面 設 計／黃宏穎
印　　　刷／韋懋實業有限公司
經　銷　商／聯合發行股份有限公司　電話：(02) 2917-8022　傳真：(02) 2911-0053
地址：新北市新店區寶橋路235巷6弄6號2樓

■2020年6月9日初版1刷　　Printed in Taiwan

定價330元
ISBN 978-986-477-855-3

城邦讀書花園
www.cite.com.tw